薄荷实验

Think As The Natives

喂养中国小皇帝

食物、儿童和社会变迁

景军——主编
钱霖亮 李胜 等——译

Feeding China's Little Emperors:
Food,
Children,
and
Social Change

华东师范大学出版社
·上海·

FEEDING CHINA'S LITTLE EMPERORS: FOOD, CHINDREN, AND SOCIAL CHANGE, edited by Jun Jing was originally published in English by Stanford University Press.

上海市版权局著作权合同登记　图字：09-2013-328 号

作者简介

伯娜丁·徐（Bernadine W. L. Chee）：哈佛大学人类学博士。她的研究主题是北京居民的社会认同、城市化和食品消费模式。

马丽思（Maris Boyd Gillette）：哈佛大学人类学博士，目前为密苏里大学圣路易斯分校任博物馆学教授。她关注西安都市穆斯林的消费文化。

高素珊（Suzanne K. Gottschang）：加州大学洛杉矶分校人类学博士，目前为美国史密斯学院人类学与东亚研究副教授。她关注中国父母的育儿实践和医药科学的社会意义。

乔治娅·古尔丹（Georgia S. Guldan）：曾任教于香港中文大学，目前为孟加拉国亚洲妇女大学公共卫生系教授。她的研究兴趣包括香港和中国大陆的儿童健康问题等。

郭于华：曾任教于中国社会科学院，目前为清华大学社会学系教授。她的研究兴趣包括中国家庭关系和食物消费等。

景军：哈佛大学人类学博士，曾任教于纽约市立大学，目前为清华大学社会学系教授。他的著作包括《神堂记忆》等。

罗立波（Eriberto P. Lozada, Jr.）：哈佛大学人类学博士，目前为美国戴维逊学院人类学系副教授。他的研究兴趣包括中国南部的天主教信仰，以及大众文化与媒体的关系。

华琛（James L. Watson）：哈佛大学人类学系荣休教授，其著作包括《移民与中国宗族》,《东方金色拱门：东亚的麦当劳》,《帝制晚期中国的丧礼》等。

赵阳：香港科技大学博士，现任职于中央农业政策咨询部门，曾发表多篇有关中国经济改革的论文。

目　录

序 言

景　军（清华大学社会学系教授、长江学者特聘教授）

《喂养中国小皇帝；食物、儿童和社会变迁》英文版于2000年经由美国斯坦福大学出版社推出，之后陆续被160多名外国学者引用。如今有幸刊印中译本，完全有赖于华东师范大学出版社之慧眼、译者之努力、编辑之付出。

纳入书中的人类学田野调查材料于上世纪九十年代开始收集，所以涉及的内容距今已至少有20年之隔。书名提到的“小皇帝”指独生子女，但即便不是独生子女，也是当时农民有感而言的“金贵娃娃”。这言外之意是说论文作者当时关注的儿童们在家庭中地位、在社会中的权益、在消费领域中的作用，可谓前所未见，与中国经济发展促成的消费文化密切相关，也与中国在全球生产体系的快速崛起同样密不可分。

文集共包括九篇论文，围绕五个议题铺开而论：一是改革开放后中国人的饮食营养，二是儿童食品产业在中国的兴起，三是国家科学育儿话语，四是全球消费文化对中国家庭生活的渗透，五是饮食变迁伴随的社会认同和价值观变迁。有鉴于此书的形成源于哈佛大学人类学系华琛教授在哈佛大学费正清中国研究中心发起的一个“中国社会饮食消费格局”研究项目，九名作者中自然包括了华琛本人。在其他作者中，一人是华琛教授的老同事，六人是华琛先生的弟子，因而论文相互呼应的程度非同寻常，在文集类书籍中实属难得。

“小皇帝”一词会立即使得读者联想到被娇生惯养的独生子女，但所有作者对此都采取了慎重对待的态度，没有简单粗暴地认定独生子女必然会有这样或那样的心理问题或某些固化偏执的行为习惯。作者们将更具有学术价值的讨论集中在一连串的具体问题上。例如，郭于华关心的食品和饮食习惯所代表的代际差异问题与景军讨论的科学话语、宗教信念、电视广告在儿童食品消费领域的博弈问题都分析了儿童、家长、老人三代人的代际关系。

悖论、矛盾、反差甚至具有讽刺意涵的现象，也是论文作者高度关注的具体问题。乔治娅·古尔丹分析了中国贫困地区儿童营养不良与发达地区儿童肥胖问题的反差。伯娜丁·徐利用在北京收集的调查材料解析了“快感与压力悖论”，试图说明儿童们对时尚食品的追求既带来愉悦，但也屈服于同伴压力，甚至会因没有享受过某种昂贵的儿童食品而受到同学的讥讽。高素珊有关爱婴医院的论文针对了一种具有讽刺意味的社会现象：爱婴医院一边鼓励母乳喂养的科学观、一边又允许跨国公司在院内推销奶粉，两者各有自身逻辑，前者的逻辑是医院的责任，后者的逻辑是医院的盈利，两者之间，法规失效，违规取胜。

如此的悖论和反差还见于其他论文。在赵阳的论文中，我们了解到娃哈哈集团开始以民族企业的姿态抵御可口可乐在中国软饮料市场的霸权，但逐步趋于资本诱惑并入一家跨国公司。在马丽思有关西安回民社区的论文帮助我们意识到，到在中国生产线加工制成的西方品牌食品不但被视为时尚食品，而且被为清真食品。如此一来，穆斯林文化中的食品禁忌由于品牌效益和加工方式而被突破。罗立波的论文将我们拉回到上世纪九十年代轰动一时的“斗鸡之争”。当时国产荣华鸡快餐店力争在每个肯德基店面附近开业竞争，扛起爱国主义快餐的大旗，一时门庭若市，效益最好的上海黄浦店一年就有 300 多万利润，但荣华鸡最终销声匿迹，原因之一是肯德基的本土化策略，包括针对中小学生群体的销售策略和迎合中国人的口味调整。

华琛教授在最后一篇论文中写道，小皇帝现象多年后必然成为历史的回声，小皇帝也必定成为大人，将以家长的身份参与社会并以家长的眼光审视新生的一代，因而小皇帝变为家长的社会过程对未来研究者而言将别有一番滋味。此言一语道出人类学研究的一个秘密：一旦离开田野调查现场，我们观察到的社会文化图景和我们收集到的第一手材料都会很快地融入将当下改写成为过去的历史之河。

引 言

当代中国的食物、儿童和社会变迁

景 军

中国目前有 3000 多万 16 岁以下的儿童，这一数字占据了世界儿童人口总数的五分之一。与前几代不同，由于政府严格的计划生育政策，这些儿童很少有兄弟姐妹。成长于中国向市场经济转型的时代，他们的物质生活异常丰富，并沉浸在新兴的消费主义文化中。不论用什么标准来衡量，这些孩子童年生活的品质都远优于他们的父母。如果我们听信媒体的表述，我们可能会对他们产生这样的印象：由于父母和祖父母把所有期望都寄托在他们身上，无微不至地照顾他们，他们中的许多孩子都成为被宠坏了的“小皇帝”。

“小皇帝”一词的流行始于二十世纪八十年代初的一系列媒体报道。也是在这个时期，越来越多的中国城市夫妻开始只生育一个孩子。人类学家吴燕和（David Wu 1994：2-12）曾指出，中国的儿童发展专家同样也是在这个时候开始讨论溺爱孩子的危害。教育家和儿童发展专家叶恭绍就曾在 1983 年的一篇文章中提到，有“小皇帝”的家庭都具有一个突出特征，那就是“4-2-1 综合症”，意为四位祖父母和两位父母娇生惯养一个孩子

（Su Songxing 1994：13）。尽管中国的学者和记者后来又发明了"小皇后"这个词来指代受宠爱的独生女，以男性为中心的"小皇帝"一词仍较为常用，并被媒体拿来指代作为一个整体的中国独生子女群体。

本书的主标题"喂养中国小皇帝"也有意识地反映这个名词的流行程度。但是我们写作本书的目的本身并不是要去强化这种认识，而是要对它进行深度的思考。在中国，的确有一些孩子是被宠坏的，特别是在城市，那里的夫妻只被允许生育一个孩子。中国农村由于生育率的下降和个人收入的增长，也开始出现了溺爱孩子的问题，尤其是在那些经济繁荣同时又引入计划生育政策的小城镇和村庄。[①] 但截至目前，对于中国独生子女的研究仍停留在起步阶段，没有产生总结性的研究——譬如近年来对独生子女心理特征的研究层出不穷，不同理论之间相互竞争又互补，却始终无法达成完整的共识（参见 Ding et al. 1994：50-53；Fan et al. 1994：70-74；cf. Baker 1994：45-47；Zhang Zhihua 1993：79-81）。

本书讨论的重点是儿童饮食问题。这一问题对所有中国儿

---

① 中国政府显然相信父母溺爱孩子的问题普遍存在，而且很严重，所以它建立了"家长学校"这一系统来教导父母用适当的方式教育子女，目的是培养出健康、自律、具有爱国主义精神的新一代年轻人。我不清楚在全国范围内究竟有多少家长学校，但一些区域性的数据显示它们的数量在 1993 年家长教育正规化后成倍地增长。按照威廉·梅雷迪思（William Meredith 1991）的统计，1987 年广州市有 1 万 3 千个家长学校，有 230 万登记在册的参加者，其中 80% 的参加者是自愿出席。广州郊区的农村妇女也被鼓励参加此类育儿课程。

童都有深刻的影响，包括占城市入学儿童80%的独生子女。和其他国家一样，中国儿童的饮食问题不仅事关个体的身体健康，也在文化、政治和社会经济等方面产生了重要影响。本书的九位作者将依次对这些影响详加讨论。在第一章中，乔治娅·古尔丹以统计学的分析方法讨论了中国儿童养育方式的变迁，以及这些变迁对儿童发育和健康造成的影响。在第二章中，伯娜丁·徐对一群北京独生子女的食品消费经历、同龄人的压力、家长控制和学校教育进行了近距离的描述。马丽思撰写的第三章讨论了西安一个穆斯林社区中的儿童食品消费行为，以及成年穆斯林如何在其民族身份和现代性意识的影响下看待上述消费行为。在第四章中，郭于华利用她在北京和一个江苏农村的研究经历揭示出中国人在食品消费方面的态度和知识上的代际差异。由罗立波撰写的第五章讨论了北京肯德基餐厅的日常运作机制，集中展示了跨国企业如何在地方语境中调整自身的市场营销策略。由我撰写的第六章探讨了甘肃一个农村社区中文化权威在儿童照顾和儿童食品消费方面的影响。在第七章中，苏珊娜·古德昌通过对一家母婴医院的实地考察来深入讨论母乳喂养实践、中国政府的公共卫生政策、跨国婴儿奶粉企业市场营销策略三者之间的关系。而由赵阳撰写的第八章则揭示了杭州娃哈哈集团如何通过声称其产品既有助于改善儿童的体质、又根植于中医的传统来创造企业成功的业绩。资深人类学家华琛在最后的第九章中总结了他对香港地区和中国大陆饮食结构变化及其对儿童态度的观察。

在接下来的篇幅中，我将概述本书不同章节讨论的五个主要问题。首先，自 1980 年代初以来，中国公民的饮食结构业已发生巨大的变化[①]，而这些变化又与中国儿童的健康有着直接的联系。其次，专业生产儿童食品的工业已经在中国出现，这是具有历史意义的新发展。第三，国家对儿童成长的干预，尤其是对儿童食品消费的干预，支撑着计划生育政策的合理性，并且有助于塑造现代化、富有同情心的政府形象。第四，中国国内经济与跨国经济力量的整合使得中国孩子的童年经历、父母的育儿经历和更大范围内的家庭生活都卷入到全球消费文化的体系当中。最后，新的饮食习惯锻造出新的身份认同，而这又反映了年轻人新的社会价值观念的崛起。以下我将根据各章节的内容，从不同的视角来阐释这五个问题之间的联系。

饮食结构的变革与消费主义的儿童

在东亚的大都市里，童年的观念（concept of childhood）正在发生变革，但我们对于这一观念变革的认识却还停留在起步阶段。正如华琛（James Watson 1997：14-20）所指出的，这一变革的其中一项重要指标是新富消费阶级（或家庭）的崛起。

---

① 当然，在中国许多农村地区乃至城市里都还存在着食不果腹的问题。根据最新的政府数据，中国还有 6—7% 的赤贫人口。

另一项指标则是社会当中出现了越来越多的"具有独立购买力的年轻人，以及他们日益增长的对其父母消费习惯的影响力"（Mintz 1997：199）。这些变革在成人和儿童的食品消费领域都引起了强烈的反响。

在中国，即使是在1980年代初，普通市民的饮食结构仍主要由谷物和其他农作物组成，这与西方人的饮食结构非常不同（Chen Junshi et al. 1990：6-7）。八十年代初的中国城市仍实行食物定量配给制度，这被认为是中国农业停滞不前的一个标志。1976年农业改革开始启动，而国人的饮食结构变革正是这一改革产生的重要影响之一。从1981到1987年，中国城镇居民的粮食和蔬菜消费量趋于稳定乃至有所下降，但食用油、肉、禽、蛋和海鲜的消费量却大幅增加，增幅都在108%和182%之间。同一时期，农村居民的食用油、肉、禽和鸡蛋的消费量也大幅上升，同比增长了200%以上（State Statistics Bureau 1988，表格2，第718页，表格3，第755页）。饮食结构的变革引发了一系列新的健康问题，这些问题又进一步为商业化所加剧。①

即使是在中国历史最悠久的遗址公园里，商业化的冲击也是显而易见的。比如北京西北郊区的八达岭长城旅游区就立着肯德基创始人的塑像。在孔子的故乡山东曲阜，每年秋季除

① 在这项变革的初期，改革者策略性地将它称为"商品经济"的发展，用马克思主义经济发展的理论来为之解释。

了有全国直播的祭孔大典，还有促销当地啤酒和白酒的嘉年华会。中国社会的日益商业化已经影响到不同年龄的群体，这其中，中小学生和学龄前儿童也许是最坚定的消费者。虽然中国父母一定程度上仍掌握着对子女食品消费的控制权，但三、四岁大的孩子往往试图选择他们自己和他们家庭的主食、点心以及外出就餐时的餐馆。直到最近，这还仍是一个新现象。在过去，中国孩子只能吃父母为他们挑选的食物，挑食是不被允许的，但如今情况已经大变。现在的孩子口袋里都有不少的零花钱，并且可以自主地消费。通常，这些钱被用来买糖果、饼干、薯片、方便面、巧克力、饮料和冰淇淋。由此，一个由国内企业、合资企业和外资企业共同组成的，专门为这些挑剔的年轻消费者提供产品和服务的儿童食品产业诞生了。

这个产业的利润是非常可观的。根据1995年的数据，大部分的中国城市夫妻要将他们总收入的40%至50%花在孩子身上。也是在这一年，中国城市儿童从他们的父母和祖父母那里收到了大约50亿美元的零花钱和压岁钱。这一数字相当于蒙古当年的国内生产总值（Crowell and Hsich 1995：44-50）。一位本土作家指出，中国已经拥有一个庞大的“小寿星”群体。这些幼儿、学龄前儿童和青少年拥有和他们的长辈“老寿星”们一样的特权：

> 过去，小孩的生日一般要比老人的生日过得简单一些。但是现在倒过来了。一个接一个的小孩学会了怎样扮演“小寿星”

> 的角色，并且不再满足于传统的庆生方式，转向学习西方奢侈的宴会——要有生日蛋糕、生日派对、生日鲜花、生日礼物、生日卡片以及生日“红包”（比如现金）。一些相关机构已经开始着手调查这一现象。他们发现，这些“小寿星”们的生日派对花销至少要数百元，多则过千元（Cao Lianchen 1993：47）。

我们不知道这位本土作家所谓的“相关机构”是哪些组织，但是据此可以获知一点，即相当多的中国儿童可能比美国儿童更能得到父母的财政支持。一项 1995 年的调查显示，在受访的 1496 户北京城市家庭中，孩子决定了将近 70% 的家庭消费。与此相对，美国孩子对其家庭消费的影响率大约在 40% 上下。研究者也发现，在食品和饮料消费上，北京儿童对其父母的影响率是美国儿童的两倍（转引自 Crowell and Hsich 1995：44-50）。考虑这些因素，我们实际上正在中国社会中目睹儿童消费文化的诞生。也是这一文化的诞生导致了“儿童食品”这一专属名词的出现。

从历史视角定义儿童食品

本书有两个关键词：“儿童饮食”（children’s diet）和“儿童食品”（children’s food）。前者指代的是儿童每天实际在吃的东西，而后者指代的是专门生产给儿童消费的零食。我们要强调的是，“儿童食品”这一说法在中国大众文化中是崭新的，直到最近几年才出现在中国的出版物上。以 1979 年版的《辞海》为例，在这本收录超过 9000 条条目的字典中，我们没有发现“儿童食品”这个词。虽然有一个条目提到了“婴儿辅助食品”，但它并没有谈到固体食物。由此我们可以推测，或许《辞海》的编撰者简单地认为孩子断奶以后饮食结构就与成年人毫无差异了。下面的讨论也证实了这一简单化的假设。

借用人类学家杰克·古迪（Jack Goody 1982）的说法，中国的“豪华美食”（high cuisine）最迟至汉代（公元前 206 年至公元 220 年）末年已经出现，那个时代已经有很多美味佳肴了。更容易引起人们口腹之欲的是文学、戏曲、绘画和民间传说中丰富的美食用语。可是，这些美味佳肴在汉代只限于贵族享用。到了后世的王朝，尽管受众范围有所扩大，但这些消费群体仍然只是社会当中的极少数，大多数人只能消费“低端美食”（low cuisine）。通常，一年中的大多数时间他们只吃粮食谷物，到节日的时候才会有荤菜。明朝（公元 1368 年至 1644 年）末年引入中国的玉米、马铃薯和红薯给中国人的饮食结构带来了革命性的变化。部分由于这些新食品种类的扩散，从 1775 年到 1830 年，中国人口总量从 2.65 亿剧增至 4.3 亿（Tacuber 1964：20；He 1988：54-55）。然而，即使到了二十世纪，占中国人口大多数的贫民的食物选择仍然寥寥可数，食物短缺仍旧是一个严峻的问题（Gamble and Burgess 1921；Buck 1930；Li Jinghan 1933：297-324；Fei 1939：119-128；Lin Yaohua：1947：55-96）。

后来的学者对晚清食品供应商的账簿进行了分析，发现那个时代北京工薪阶层家庭所能消费的食物品种也非常少。这一研究说明了食物短缺问题的普遍性（Meng and Gamble 1926）。从 1920 年到 1927 年，社会学家陶孟和对 48 个北京手工业工人家庭进行了入户调查。他发现上述食物短缺的情况依然没有改变。这些家庭把 80% 的食品支出花在粮食上，9.1% 用在蔬菜上，6.7% 用于购买调味品，3.2% 花在肉类上，只有 1% 的钱用来购买各种零食（Tao 1928；也见 Yang Yashan 1987：98）。另一项 1920 年代中后期对上海 260 户工薪阶层家庭的调查显示，这些家庭 53.2% 的收入用在了购买粮食上，18.5% 用来购买蔬菜，7% 用来购买肉类，4.4% 用来购买海鲜，1.9% 用来购买水果（Yang Ximeng and Tao Menghe 1930；quoted by Spence 1992：175）。当这些工薪阶层家庭把那么多钱都花在食品消费上时，他们能够用于其他方面开支的钱也就所剩无几了。而针对 1920 年代的中国农民，李景汉（Li Jinghan 1933：297-324）对定县 800 户农民家庭的调查发现，这些家庭把 80% 的食品支出用在小米、红薯和高粱上，只有在节日里才会消费肉类食品（也见 Gamble 1954：100-123）。

虽然这些调查没有专门讨论儿童饮食问题，许多家境良好的中国作家都曾经在自传中谈到对童年时代食物的记忆。中国最著名的作家鲁迅就曾在 1927 年写过一篇怀旧的文章。他描述了童年时代吃过的蔬菜和水果，在以后的岁月里，每当尝到荸荠、蚕豆、茭白和香瓜的味道，就会想起故乡的老屋（Lu Xun

1969：第16卷，第6页）。卢兴源在1939年到1940年之间写了一系列描述北京田园牧歌般生活的文章，其中大量涉及食物和童年（H. Y Lowe 1984）。卢氏回忆了18种他在童年时代最喜爱的食品和饮料。[①]除了食品以外，他也以生动的笔触描写了玩具、游戏和庙会活动，这些都是那个年代孩子们的最爱。但卢氏也提到，那时只有干糕粉和老米粉是专门给孩子吃的。这两样东西是由磨坊做来给产妇增乳用的，人们把这些商品买回家后煮成厚厚的糊，然后抹一点在婴儿嘴里。

二十世纪三四十年代的抗日战争和国共内战对中国人而言是巨大的灾难，这些灾难的意义也体现在食品生产和供应的短缺上。在1949年后发起的各项运动将中国改造成了一个社会主义社会，但这一变革并没有增加普通人的食品种类。在研究过程中，不断有年纪较大的受访者告诉本书的作者，从1950年初到1970年末这一段时间里，孩子们吃的都是很简单的食品，跟成年人没有什么分别。城里的孩子到五十年代中期可以喝上瓶装牛奶或者奶粉了。他们比农村的孩子更早地断奶，许多人在一周岁的时候就开始像成人一样吃固体食物了。而在农村，一周岁大的孩子都还在喝母乳，尽管他们的母亲或者其他一些照顾人也开始把固体食物嚼碎后喂给他们吃。等到断奶以后，

---

① 这18种食品包括：打卤面、油炸烩、粽子、西贡米粥、爬糕、凉粉、灌肠、豆汁、豌豆黄、酸梅汤、鞑子饽饽、奶子茶、臭豆腐、关东糖、南糖、自来红、高干面和老米面。

他们就可以上桌吃饭了。关于七十年代中期中国城市和农村的婴儿喂养、断奶和固体食物，一位美国儿童发展专家这样写到：

> 等到婴儿长到6个月左右，父母就开始喂他们辅助食品，主要是一些谷类煮的粥。6个月以前很少喂。接下来几个月会让孩子吃一些蔬菜、水果、豆腐和鸡蛋。关于具体开始喂这些食物的时间和顺序，每个地方访谈人的说法都不一样。从第二年开始，父母开始喂孩子吃米饭、面条和肉末（主要是鸡肉、猪肉和鱼肉）。断奶的步骤如下：从母乳喂养到用奶瓶喂奶粉，再到用小碗喂固体食物。第二年，一些孩子就可以用勺子自己吃饭了；第三年或者更大一些，他们就可以用筷子吃饭了（Kessen, ed., 1975：205-6）。

这段文字说明，在经济改革以前，中国儿童的饮食在断奶以后很快就和成人一致了。直到八十年代早期，中国的计划经济在农业方面仍然缺乏刺激农民进行生产的机制，这也迫使城市不得不进行食品的定量配给（Sidel 1972；Croll 1983；Whyte and Parish 1984：55-109；Potter and Potter 1990：225-50）。不论是在城市还是农村，大部分的儿童都没有机会，也没有自由选择他们自己的食物。

然而到了八十年代初，自从家庭联产承包责任制取代了集体公社生产制度，这种消费模式已经发生了翻天覆地的变化。

农业领域的体制改革提高了农民的生产积极性，接下来的几年农业连年丰收。同样在八十年代的前五年，城市里的人均收入也开始增加，这为儿童食品消费的兴盛奠定了基础。

作为社会变迁的一个语言学标志，“儿童食品”这个名词已经成为中国大众文化的一部分。同类的名称还包括：儿童营养品、儿童健康食品饮料、儿童药膳、婴幼儿食品（也称小儿辅食）等。按照这些商品自己的宣传，它们应该是对儿童的身体健康有益的。儿童营养品和儿童健康食品饮料自称可以促进儿童身体的发育和成长；儿童药膳据说可以改善身体不够健康或者患病儿童的体质。婴幼儿食品则能够补充母乳和奶粉以外婴儿所需的固体和半固体营养食物。

但是中国医学界却认为，这些“儿童食品”并不一定能增进健康；相反，由于当代儿童的饮食结构已经从传统主食转向高胆固醇食物（如鸡蛋和红肉），“儿童食品”会使这一令人不安的饮食结构更加恶化。为了改变这种状况，一家中国顶尖的公共健康监测机构极为罕见地接受了一份颇有影响力的美国报纸的访问。通过采访和报道，该研究机构向公众表达了它对中国城市小学儿童急速增长的肥胖率的担忧（Tempest 1996）。

国家、家庭和儿童

官方对儿童食品消费也有着特殊的兴趣，干预儿童吃什么是其人口政策的延伸方向之一。相关的学术研究已经提醒我们，国家体制具有强大的干预能力，但却没有谈到这一体制如何说服公众接受某些观念，并且以某种特定的方式来看待世界。官方并不止步于对生育率的考虑，它也通过社会工程（social engineering）的方式向公众传播提高国民"人口素质"的必要性。"人口素质"这一概念不仅包含了对国民（同时也是劳动力）身心健康的要求，也包含了对其拥有职业技能和教育成就的要求。为了宣传人口素质的政策，公民被一再提醒要意识到本国的"人口危机"——中华民族缺乏足够的知识资本来追赶发达国家。①

为了提高人口素质，官方强调要重视人口生育和抚养的科学知识，并在 1988 年 4 月到 1989 年 10 月之间发起了宣传科学生育和抚养的运动。运动的主要区域在农村，通过写作比赛的方式来推广政府的政策。写作的主题包括了怀孕、遗传病、疾病防治、婚姻习俗、母乳喂养、儿童饮食等。中华医学会为此收到了超过一万封信件和两千篇文章，由其下属的科普协会对这些文章进行了评选。大部分文章都是医务人员和计生干部写

① 广东省计划生育办公室 1979 年发表的一篇报纸文章大概是官方就缺乏发展经济的人力资本这一问题最早的表态之一。这篇文章写到："人口的计划控制也有利于提高民族的科学文化水平……大部分日本的普通工人都完成了高中学业，但中国还有 1 亿文盲或半文盲的年轻人，其中 500 万在广东……我们对工人不仅有人数上的需求，更重要是质量上的需求。换句话说，这些工人必须要有一定的文化程度，以及掌握一门或几门技术的能力。"（Ebrey et al. 1981：413）

的。此后，电视和广播还通报了获奖的文章和官方认为值得关注的信件，其内容同时也在两本杂志和一份专注公共健康的报纸上发表了。

在城市里，中国政府通过和世界卫生组织（WHO）、联合国儿童基金会（UNICEF）合作，推出“爱婴医院”项目来教育公众。从 1992 年开始，政府认定了超过五千家爱婴医院，这些医疗机构的主要功能是向孕妇提供母乳喂养教育培训课程，提醒她们母乳喂养的重要性。爱婴医院项目是政府对八十年代末以来婴儿母乳喂养率降低所做的一个政策性回应。在八十年代末的北京和上海，只有 10% 的产妇对新生儿进行母乳喂养。接下来，1990 年全国的母乳喂养率为 30%，到 1994 年攀升至 64%。官方认为这一比例的上升应当归功于其在科学育儿信息方面的有效宣传。

这些大众教育的举措显示了通过控制妇女生育率和育儿行为的方式来影响女性的为母之道以及孩子童年的一种尝试。通过教育让公众关注人口生育和儿童发展中的饮食规范、医学、经济和教育问题的重要性，即使是在那些已经落实计划生育政策的夫妻那里，这种教育的影响力依然存在。

就这一点而言，官方的行为方式和福柯对十八世纪欧洲（尤其是法国和英国）的国家权力扩张和医学权力渗透所导致的家庭与儿童成为权力凝视对象的描述非常相似。福柯写道：“欧洲长期的疫苗接种和种痘运动实际上是围绕儿童这一群体组织建立起的一套医疗看护体制的一部分，这套体制认为家庭对儿童照顾负有道德责任，并需要承担部分的经济成本。”（Foucault 1980：174）这套体制建立的结果是照顾的儿童条款被写入家庭法中，儿童成为多层次公共健康话语的中心，而参与建构这一话语的主体包括了国家权力机关、慈善社团、福利机构和医务人员。福柯继续写到：“家庭不再是一个刻有社会地位的关系体系，一个亲属关系体系，一个产权传递的机制。它成为了一个密实饱和的、永久持续的物理空间，这个空间包围着、维系着并开发着儿童的身体。”（Foucault 1980：172-73）在中国，透过计划生育政策的强制措施（包括堕胎、输卵管切除手术、佩戴子宫内避孕器），国家权力也延伸到了女性的生产。

同时，官方也通过积极改善儿童照顾和产妇健康来表现出“关怀备至的家长”形象。重建形象对于国家的政治合法性而言是非常重要的。发起推广科学生育的宣传教育运动就是一个典型的重建国家形象的例子。

在相关文献中，对儿童的食品消费进行干预是落实计划生育政策时极为重要的一步。下面这段文字来自于一本典型的官方宣传手册，其内容是要求公众学习科学的育儿知识：

> 有一些幼儿园给孩子吃燕麦粥、窝窝头和小米粥，这么做是出于对儿童健康和品德的关心。但当父母看到自己的孩子在吃粗粮时，他们感到非常不安。他们没有意识到粗粮的营养价值并不比细粮（比如精制大米和小麦粉）低。实际上，小米中所含的蛋白质、卡路里、钙和铁等元素都

> 要比精制大米和小麦丰富……同样的，玉米所含的钙质和卡路里也比大米和小麦多。因为不同的食物包含不同的营养，在孩子的饮食结构中搭配上述不同的谷物有助于他们的身体发育和成长。此外，让孩子吃粗粮可以防止他们养成挑食的不健康饮食习惯（Hu 1993：239）。

上面这段文字的作者是一名军医，同时也是一个生育研究中心的创始人。他在书的前言中写到，他希望该书的出版能够“像雨露一样浇灌千万家庭精心培育的花蕾（指儿童）”。他提到自己曾经遇到过不少残疾儿童；他认为这些儿童之所以残疾，就是因为他们的父母不懂得科学的育儿方法。

考虑到这些针对家长的建议通常以客观、科学、同情和非政治的面目出现，官方的儿童生育和育儿话语显而易见地体现了阿尔都塞所说的“意识形态国家机器”（1971：143-47）。与强制力和行政功能相比，意识形态机制的教育功能更为显著。通常，阿尔都塞式的“意识形态国家机器”主要包括大众媒体、学校、爱婴医院、科普读物、官方认可的慈善机构和健康教育机构。相比于基层执法、经济惩罚等，上述机制的功能表现出更多的形态。当科学育儿的官方话语通过报纸、电视、大街上的宣传广告以及人与人之间的对话交流表达出来时，由于国家权力运作的微妙和非强制性，大众可能因此没有意识到它已经渗透到家庭生活的核心区域了。也是在这个意义上，政府的人口生育政策与其科学育儿的宣传运动关联在了一起。

经济改革与跨国主义

中国的经济改革首先在农村启动，而农村改革的动因主要来自于中国内部。但到了八十年代中期城市改革启动时，中国政府受到很多海外发展模式的启发，包括韩国、台湾地区、香港地区和新加坡的发展经验。这些国家和地区被称为“四小龙”，它们与中国大陆有着文化上的紧密联系。“龙”实际上表达了与中国的关联。台湾地区、香港地区和新加坡的大部分人口都是汉人；韩国人口虽然并非汉人，却是以中国为中心的东亚儒家文化圈的一部分。“龙”并不简单地是指代中国，它暗喻了一个辉煌的中国、一个精神上值得尊敬的中国和一个作为军事大国的中国。因为中国内地曾经是东亚的“龙脉”所在，中国的知识分子和政治家们总是试图从“四小龙”的现代化经验中发掘出发展的秘诀。

一些颇有影响力的海外华人向中国领导人解释了这一秘诀。新加坡前总理李光耀积极地将其治理模式描述成是一种儒家传统的实践，是新加坡社会秩序的根本保证。作为一名提倡将儒家传统融入中国经济改革的支持者，李光耀在 1985 年拜访了孔子故里曲阜。1987 年，他又着手邀请了一批海外学者到曲阜召开儒学大会。也是在这段时间，哈佛哲学家杜维明的儒学和东亚传统讲座在中国大学里吸引了众多的听众。

伴随着官方对孔子作为中国文化符号的认可，国内外投资者争相涌入曲阜。这个不足六万人口的小城很快成了中国最热门的旅游景点之一，每年100多万国内游客和大约1.5万海外游客到访。与此同时，曲阜本地小型的地方啤酒业也逐渐发展成国家级的啤酒饮料生产基地，所有的品牌都涉及孔子这位古代圣人，包括著名的"孔府家酒"。孔子同样也成为了新民族主义的一个重要标志，虽然这民族主义的基石是建国初期反对的商业主义。但就如当代艺术家张晓刚所说，民族主义和商业主义可以是一对孪生兄弟。[①]

那么食品、儿童和改革时代的商业主义之间的联系又是什么呢？我想其中一项是跨国企业的出现。对于那些熟知十八世纪英国东印度公司在广东进行贸易的历史的读者来说，外国公司在中国出现并不是新的现象。但是当代跨国企业的特殊之处在于它们能够既保持其跨国属性，又能融入地方市场。练就这种本领需要跨国企业在全球商业网络中进行市场、贸易、财政、信息和企业所有制的整合，同时也要对国际市场产品加以调整以适合本土市场的口味。

跨国企业的上述能力依它们各自对地方性事务的参与程度而定，其中就包括赞助学校活动，然后调整自己的产品以适应本土儿童生活的需要。这种商业策略反映了一种观念，认为企业可以通过去除自身的跨国属性，和地方消费文化融合来获取

---

① 1997年3月5日对张晓刚的访谈。

利润。值得注意的是，另一方面，很多跨国企业又把它们中国公司的总部设置在香港、台湾和新加坡等大陆之外的华人社会。不论这些公司的运营是否由华人主管，它们已经参与到了中国大陆的文化变迁过程中，因为它们的产品在营销形象上并不仅仅是简单的商品，同时还是“文化商品”。儿童食品的生产和消费也是类似的状况。

中国每年有 2800 万的新增人口，这一年度新生儿出生量几乎是美国的四倍。为了开发这一潜在的大市场，美国亨氏食品公司（H. J. Heinz Co.）广州分公司专门为中国孩子生产了一款婴儿米粉。得益于当时的美国国务卿基辛格的撮合，这家合资公司由亨氏和广东联合食品有限公司联合组建，于1984年成立，先期投资 1000 万美元（Liu Zhuoye 1990：36-38）。最初的几年，这家公司进行了一系列的市场调查，在医院进行产品测试和质量监控。八十年代末公司开始全面生产，1990 年就成为了盈利企业。而在当时，许多外国公司对它们的中国业务能够在十年之内盈利根本不抱期望。虽然 1500 万美元的中国区销售额只占亨氏总收入（六亿美元）的一小部分，但中国区 15% 的利润额却和其美国业务相当（亨氏占美国 9.25 亿婴儿食品市场 15% 的市场份额）（Duggan 1990：84）。也是在 1990 年，亨氏迎来了它在其他区域市场的主要竞争者雀巢，后者在哈尔滨投资 600 万美元建了一个专门生产冰淇淋和其他乳制品的工厂（Wall Street Journal 1995：B：1）。

亨氏广州分公司的市场营销策略让我们有机会一览中国儿

童食品商业化的图景。为了把其产品和儿童的高成就联系起来，亨氏把最初的销售区域定位在大城市的大学城和高新科技园区。这套策略的目标是十分明确的：如果最优秀的中国人都使用亨氏的婴儿米粉，那么接下来就会产生涟漪效应。中国高等教育和科学园区并非亨氏唯一的营销重点；由于中国电视的黄金时段广告费用并不昂贵（Forbes 1993：12；Wall Street Journal 1995，B：1；Newsweek 1994：39），亨氏的很多广告投入都放到了这个篮子里。考虑到 95% 的中国城市家庭都已拥有电视机，亨氏这一策略显然是希望这些“4-2-1”结构（意指四位祖父母和两位父母共同养育一个孩子）的家庭都成为其客户。

亨氏广告图像通常都有白白胖胖的婴儿在微笑，广告词又总是用一种听上去很科学的术语来介绍其产品所包含的各种营养元素。值得注意的是，亨氏商标首先是用英文写的，之后再用中文说明这是“高蛋白营养米粉”。这种搭配似乎是想告诉消费者这一西式食品比中国同类食品更好。通过赋予其产品西式和科学的光环，亨氏将其米粉品牌和现代生活方式联系起来。亨氏这种以科学和现代性名义兜售产品的做法对城市消费者具有特殊的吸引力，后者愿意把所有可支配收入都花在独生子女身上。

亨氏进行产品推销的另一个重要方面是对中国官员和儿童照顾专家进行营养教育培训。亨氏营养科学研究所每年都会选择一个中国城市举行一次研讨会，邀请北美的营养专家来做讲座、提供饮食建议。经过亨氏中国合作者的巧妙推销，其研究所的部分建议被纳入到了中国国家营养发展计划（Liu Zhuoye 1990：38）。

这一计划是 1993 年至 1995 年中国第三次全国营养调查的基础（Cui Lili 1995：31）。在此期间，由亨氏联合食品公司合作开发的米粉赢得了两项由政府和食品行业协会共同举办的食品大赛的大奖，并列入主办方的“中国宝宝推荐食品”名单。

亨氏联合食品公司的个案提醒我们中国儿童已经生活在一个全球消费文化的体系中了。自冷战时代结束以来，大型跨国企业所促成的全球整合超越了以往任何一个帝国和民族国家（Barnet and Cavanagh 1994：15）。当金钱、商品、观念和人群在全世界范围内相互追逐的时候，跨越国家边界的商业力量也越来越倚赖图像信息技术来吸引包括儿童在内的消费者。

粮食、巧克力和代际认同

在社会人类学领域里，食品消费总是被作为一个象征系统来分析。这一象征系统通常被认为反映了消费者个体或群体的经济地位、群体身份、政治权力、宗教信仰、教育成就和审美观念（Bourdieu 1984：177-99；Campbell 1987；Friedman 1989：117-30；Goody 1982；Mintz 1996）。类似的思考也充斥着中国的人类学研究（Anderson 1988；Chang 1977；J. Watson 1987）。许多研究都谈到中国人是如何利用食物来传递社会价值观（比如勤奋工作和节俭）。人类学家费孝通 1930 年代在中国南部一个村庄进行田野调查时就注意到：

> 为满足人们的需要，文化提供了各种手段来获取消费物资，但同时也规定并限制了人们的要求。它承认在一定范围内的要求是适当和必要的，超出这个范围的要求是浪费和奢侈的。因此便建立起一个标准，对消费的数量和类型进行控制……一个孩子如果在饮食或者穿衣上面挑肥拣瘦就会挨骂或挨打。在饭桌上，孩子不应拒绝长辈夹到他碗里的食物。母亲如果允许孩子任意挑食，人们就会批评她溺爱孩子……节俭是受到鼓励的。人们认为随意扔掉未用尽的任何东西会触犯老天爷，他的代理人就是灶神（Fei 1939：119）。

以上这段观察适用于绝大多数中国人的童年经历，不论是在国民政府时期还是新中国成立以后。从 1949 年到 1976 年这段时间，节俭不仅仅是一种生活习惯，同时也是一种生存手段。[①] 尽管钢铁产量在攀升，核武器被制造出来，大跃进运动试图提高生产力，文化大革命试图防止中国走资本主义道路，但这些国家工程都没有改善中国普罗大众的饮食（Becker 1996；Jowett 1989：16-19；Kane 1988；Dali Yang 1996）。

在饥荒时期，儿童死亡的风险尤其高，女性的生育率也急

---

① 当然，豪华宴会作为主要的社会交际形式在中国社会已有近百年的历史了。即使是在 1959 年到 1961 年这段困难时期和后来长时间的经济紧缩期，官方宴会也没有厉行节俭。（Zha 1995：122）

剧下降。全国的出生人口从1957年的2700万锐减到1961年的1500万（Jowett 1989：17）。一般而言，饥荒导致人口锐减之后总会出现一个新的生育高峰，中国的情况也不例外。这场饥荒过后的1963年，大约有3500万新生儿出生。接下来的三年，官方登记的出生人口数大约为9000万人。当前大部分在读儿童的父母都是饥荒以后出生的一代人，他们在童年时期又经历了文化大革命（Chan 1985；Chin 1988；Gao Yuan 1987；Lupher 1995：321-44；Wen Chihua 1995）。

即使是在非困难时期，能够吃上美味食品的机会也是极少的，因而此类经历通常令人一辈子印象深刻。下面是一位北京女性的自述，她童年时曾经去过父亲下放的干校：

> 爸爸从农场食堂带回来的午饭根本不能吃……我看着碗里漂着几片叶子的汤，里面反照出爸爸阴沉的脸。我喃喃自语地发泄着自己的情绪："这是什么？是汤还是可以吃的镜子？"没有人回答我的问题，但是我能感觉到，因为我的挑剔，爸爸正盯着我看……我的筷子触到碗底软软的东西，"肯定是香肠"，我想着。我仿佛闻到了香肠的香味、尝到了香肠的味道……我赶紧从碗里捞出这个软软的东西，但看见的却不是香肠，而是皮蛋（Wen Chihua 1995：81-82）。

相比于当时中国很多不幸的成人和儿童，这个孩子至少还能想象香肠的香味，还能在和父亲团聚的午餐中吃到皮蛋。1976年时，中国的人均饮食摄入量只相当于1937年抗日战争结束时的水平（Smil 1985：248）。经历多年急进的政治运动、响亮的政治口号和宏伟目标，人们此刻最需要的是根本性的变革。

变革的第一步在七十年代末打响，标志就是家庭联产承包责任制取代了人民公社的集体农场运作模式。这项制度变革导致了食品供应量的剧增，增幅超过了1949年以来的任何一次。这一制度变革激发出来的农民的积极性尤为可观：1982年的人均年度加工粮食供应量几乎达到了230千克，超过了1950年至1981年期间的最高水平。同样的，1982年的植物油、糖、肉和鱼的人均年度供应量也创了历史新高，分别达到4.1，5.3，12.6和4.8千克（Piazza 1986：94-95）。

由于农业生产的多样化，尤其是非谷类农作物和畜类产品的增长，谷类农作物在中国人饮食结构中所占的比例降到了1950年至1981年期间的最低水平。也是在1982年这一年，中国人每日摄入的卡路里（2728卡路里，大约为每人70克蛋白质和40克脂肪的摄入量）超过了1979年至1982年这段时间内全世界发展中国家的平均水平。1980年代后半期的农业多样化进一步发展，以致此后学者们达成共识，认为中国的“食品问题”不再是给所有人提供充足的食品，而是增加少数不幸者的消费量。

城市和农村同时急速增长的食品消费多样化需求推动了中国农业生产模式的变革：从集中生产传统主粮转而生产更有利

润的农业和非农业产品。在农业发展的基础上，城市改革也于1985年启动，新政策最终取消了食物配给制度，并试图促进工业食品的生产。这些历史事件为小康家庭的出现奠定了基础。

儒家意识形态里的“小康”是一种人们在具有充分物质条件的情况下幸福地工作和生活的社会状态。邓小平在1979年设定了这一目标，期望到2000年时全国人民的生活都达到小康水平。中央政府的政策制定者把这个规划转换成了具体的数字，按照1980年的货币价值，把小康生活的收入水平定为人均国内生产总值800美元。到目前为止（指本书英文版出版时的2000年），虽然在全国范围内这一目标尚未完全实现，但有些地区的人均国内生产总值已经超出这个数字了。这也反映了改革开放以来中国“点—线—面”的发展模式：沿海城市和经济特区（点）首先发展，然后慢慢扩展到整个沿海区域（线），最后再带动内陆地区（面）的发展，实现全面进入小康社会的规划。1996年，全国人均国内生产总值已达到694美元，但城市的平均值几乎是农村和小城镇的3倍。而沿海城市的平均值是城市总平均值的2倍，经济特区的平均值又是沿海城市平均值的2倍。由此，经济特区的人均国内生产总值的数值几乎是农村和小城镇的12倍。这些数字意味着有相当一部分城市家庭和一小部分农村家庭已经达到小康生活的水平。

那么这些都是什么样的家庭？主要有几类：合资企业和外资企业（大约有10万家）的经理；私营企业主和个体商人（大约有2000万）；大部分小城镇工业企业（大约有2100万）的经

理；相当一部分外贸公司、银行、保险公司和证券公司的经理；以及业务表现良好的国有企业的经理。这样算下来，全国小康家庭（或者“中等收入水平的家庭”）的总数大约是3000万，其中有两千万在城市里。后者大约占城市总人口的20%。

也是在这些小康家庭中，父母和子女就食品问题存在最为激烈的矛盾。在一篇有关饮食和厨艺的文章中，喜剧演员兼剧作家黄宗江写了下面这段北京家庭中的场景：父亲从厨房里拿出一盘窝窝头当早饭，看到女儿轻蔑的眼神，感到很不安。“你不要忘了你的阶级出身”，父亲用责备的语气提醒女儿。他又说起自己小时候在农村生活的经历，那时候要能有窝窝头或者其他东西作早饭，简直是太幸福了。他的话还没说完就被女儿打断了，女儿说：“你的阶级出身是窝窝头，我的是巧克力。”（Chen Shujuan, ed., 1989：296）

这段代际冲突的描写主要是为了制造幽默的效果。它用谷物制品隐喻过去年代的贫穷，用巧克力来表现当代的富裕。40岁以上的中国人都会赞同这种代际之间的差异越来越难以调和，尤其是当年轻人越来越不了解他们父母一辈乃至祖父母一辈的生活际遇时。这些抱怨不是要去谴责年轻人，或者质疑为什么孩子们对长辈的童年经历了解甚少；而是揭示了在一个急速变迁的社会中，代际之间的相互沟通和理解变得越来越困难。食品能够告诉我们很多东西，但当社会发生变化时，它可能就会换用另一种完全不同的语言继续诉说。

（钱霖亮　译）

第1章

丰富的悖论：中国婴幼儿养育方式的变迁

乔治娅·古尔丹（Georgia S. Guldan）

本章考察了中国孩子在食物、成长和健康方面的趋势。我从这些趋势中发现了两点矛盾。首先，城市孩子在比他们的农村同龄人吃得更好的同时，其身患肥胖和慢性病的机率也越来越高；其次，尽管农村孩子比城里孩子喝更久的母乳，但他们的成长速度却比后者缓慢。在本章中，我试图解答三个问题：我们要怎样解释上述这两点矛盾？食物对孩子成长和健康的影响有哪些方面？中国政府又是如何处理儿童营养问题的？

我从1988年起就在中国大陆和香港地区进行营养学研究，最初的五年半研究时间是在四川省省会成都的华西医科大学度过的。那时我最关心的问题是城市和农村的饮食习惯。后来我的兴趣转移到了农村地区婴儿喂养的问题上，并且希望通过我的研究和努力，能使这里的孩子的喂养和成长水平都得到提高。后来我的研究基地转移到了香港，也是在这一时期，我将北京和香港的幼儿园和学龄儿童加入到我的研究对象中来。通过将自己的研究和别人的研究相结合，我进一步发现了中国人饮食结构和健康状况的变迁。

毫无疑问，现在的中国孩子比50年前的同龄人总体上长得更壮、更快，也更健康。但新的问题也随之产生，尤其是在城市里，孩子的营养过剩导致了肥胖、糖尿病和其他疾病。下面我首先以香港儿童为参照，考察中国大陆儿童的营养状况。但在讨论上述问题之前，我先大体介绍一下中国的饮食体系。

经历了大跃进（1958—1960）和文化大革命（1966—1976）造成的政治、社会、经济动荡，中国在1970年代后期开始了经济和农业改革，这些改革的举措改变了中国的粮食供给状况。在农村，农业生产变得更加多样化，粮食的加工和销售也扩大了。因为有了家庭联产承包责任制，农户们想种什么就种什么，然后将这些农产品通过开放的市场卖到城市。粮食供给的变化改变了城乡居民的饮食结构，尤其是那些住得离市场比较近的农民可以充分利用这一新体制的优势。同样的，城市居民也可以得到更加丰富的食品。总体说来，中国人比以前享受了更加优质和丰富的食物。虽然家畜行业的兴旺使得数以亿计的中国人的动物蛋白和脂肪摄入量迅速增长，但是他们的饮食结构仍以谷物和蔬菜为基础。

中国家庭的饮食结构呈现两种模式，具体取决于它们是数量上较少的城市富裕家庭，还是人口比重达70%的农村家庭。这两个群体的生活品质处在不同的现代化水平；他们的受教育水平、生计模式、获取医疗和其他公共服务的能力都非常不同。但两者最明显的差距还是表现在饮食结构上。

不论是城市还是农村的中国人，五谷杂粮都是他们的主食。

不同的是，农民消费的粮食主要是他们自己生产的，而城里人通常是从商店和市场里购买的。除了谷物之外，这两个群体都消费新鲜和腌制的蔬菜、油、肉类、家禽、鱼、蛋、水果等。现在一些农民也开始用他们销售农产品或在非农领域工作的收入来购买副食品，其中最主要的还是蔬菜。

我通过对四川成都市区和一个村庄的饮食结构调查发现了城市和农村消费显著的分野（Guldan et al.1991）。对这两个点采集的食物频率数据进行分析，我们发现受访的城市家庭日常消费的食物主要是稻米、植物油、绿色蔬菜、瘦肉（主要是猪肉）和面粉，每周还会搭配一些其他蔬菜、咸菜、水果、蛋类、豆制品、肥肉等食物。而在农村家庭，消费食物的种类就显得单调得多，每天的饮食差不多都是米、油和蔬菜，上文提到的其他副食品他们只会每个月买一点，而不是每周都买。

婴儿和儿童的膳食模式

城乡婴儿和儿童的饮食差距在母乳喂养的比例与时间长度上体现得最为明显。母乳喂养有助于增加营养、促进免疫功能、增强体质，并且花费较少，这些好处是众所周知的。尽管有这么多优点，但是随着十九世纪以来欧洲和美国的工业化、奶粉产业和保健产业的发展，母乳喂养还是在全球范围内呈现出下降的趋势（Apple 1994）。在中国，母乳喂养在二十世纪下半叶以来也是一路走低。前人在中国的调查清楚地显示了城乡母乳喂养比例的差距。表 1 的数据来源于一项从 1983 年到 1985 年的研究，此项研究调查了中国 20 个省，95578 名从出生到 6 个月大的婴儿。

母乳喂养在传统中国是非常普遍的，但是现在已经被奶粉所取代。这一趋势在城市里更加明显。从表 1 中，我们可以很明显地发现中国农村母乳喂养的比例要高于城市。

表 1　中国城乡地区婴幼儿喂养方式（1983—1985），婴儿数量（%）

喂养方式	城市	农村
母乳喂养	27,424（49）	25,087（75）
混合喂养	20,352（36）	7,729（23）
奶瓶喂养	8,403（15）	594（2）
总数	56,189（100）	33,410（100）

数据：来自 P.Y. Yang et al. 1989.

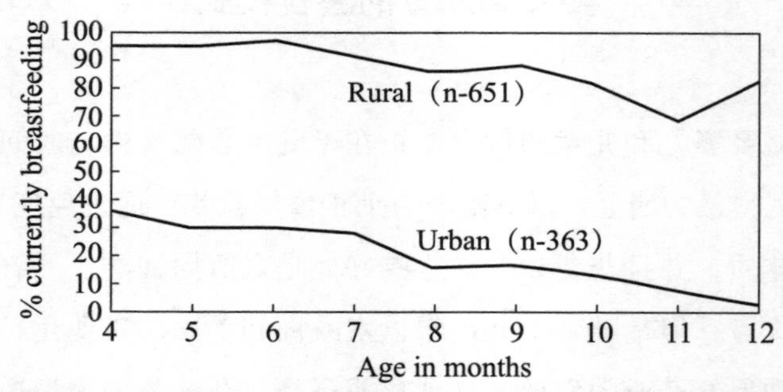

图 1　四川省城（1993）乡（1992）区域 4 至 12 个月大的婴儿母乳喂养率

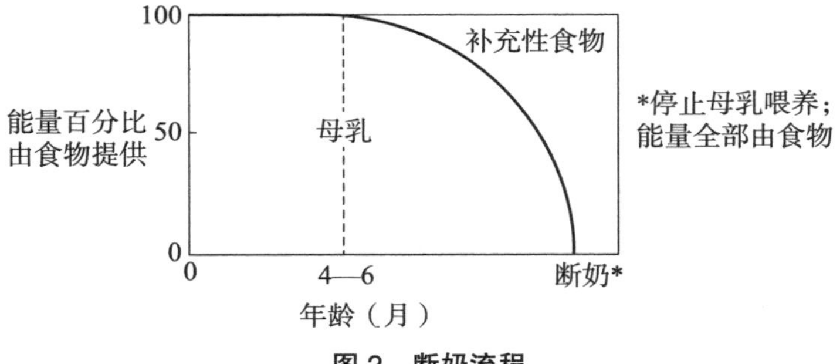

图 2　断奶流程

图 1 展示了 1992 年四川城市和 1993 年四川农村对 4—12 个月大的婴儿母乳喂养的比例。对照此图可以得出与上文相同的结论。[①] 另外，一项 1990 年在湖北农村的定点研究发现，16.2% 的婴儿的哺乳期为两年（Taren and Chan 1993）。在中国城市里，母乳喂养的比例一直比较低，1993 年香港的一项对 3717 位受访者婴儿喂养的调查发现，只有 18% 的婴儿在出生之后是母乳喂养的，这一比例在一个月后下降到 11%，其余的孩子都用奶粉喂养（Lui et al. 1997）。

虽然"断奶"这个词没有标准的定义，它在本文中指涉小孩子从喝奶到半固体食物，然后到像大人一样以固体食物为主食的这个过程。我用表 2 来展示断奶的全过程。世界卫生组织、联合国儿童基金会，还有一些其他的健康机构和专家都鼓励产妇在婴儿 4—6 个月大的以前都对他们进行母乳喂养，但实际的情况是很多孩子很早就开始吃断奶食品了。这类食品即使搭配

① 译者注：原文和表格所标注的时间有出入，本文翻译时保持原样。

母乳也没有多大的裨益。一般建议终止母乳喂养的时间是在孩子 6 个月到两岁大之间。

断奶对中国农村的孩子来说是一件很危险的事情。当孩子达到 4—6 个月大之后，单一的母乳喂养很难满足孩子的成长和活动所需要的营养。在这种情况下，必须给孩子既卫生又有营养的食品来作为母乳的替代品。不幸的是，在中国农村地区，传统上的母乳辅助食品一直都是大米，或者其他谷物制作的稀饭，然后配上一些蔬菜，这都是一些低热量的食物。因为婴儿的胃口比较小，所以喝少量的稀粥并不能满足孩子的营养需要。而大米粥的能量不到母乳的一半，用这些稀饭喂养的婴儿长得比较慢。对农村孩子来说，在一岁以前长时间地过度依赖母乳喂养和辅助食品，使其出现营养不良和智力发展缓慢的概率要高于城市儿童。

联合国儿童基金会与中国医疗机构都在倡导对小于 4—6 个月大的婴儿进行母乳喂养，在此之后可以搭配适量的辅助食物直至完全断奶（见本书第七章）。农村母亲被鼓励尽可能地在一年内持续哺乳，因为母乳在辅助食物不足的情况下显得格外重要。

在对农村和城市婴儿喂养模式的研究中，我们发现奶水不足是产妇不进行或者提前终止母乳喂养最普遍的原因。不幸的是，这种对奶水分泌不足的认知（它也是世界各地常见的母乳喂养下降的主要原因），通常是由于婴儿的哭闹和躁动不安让产妇产生了不安和焦虑的情绪；这反过来又对产妇分泌乳汁产生了不利影响。在对成都产妇的集中访谈中，我们了解到她们很怕自己的孩子挨饿（Guldan et al.1995）。这些焦虑的母亲，哪怕在有奶粉可用的情况下，还是经常用瓶子来装自己的乳汁来哺乳，并且通过补充化合物来减少刺激，以免奶水减少。

根据我们在四川农村的调查，在一岁以前的儿童中，补充母乳最普遍的辅助食品往往是单一的稀饭或者加一点蔬菜。在稀饭中增加卡路里最简单的方法就是少加点水，多加点弄碎的蛋黄，可以的话还有碎肉和豆腐。但是，使用这些辅助食品在农村尚未形成习惯，有些食材也不是农村家庭每日都能消费的。当务之急是一定要让这些农村母亲意识到自己的宝宝长得慢，而其原因是在断奶期间稀饭不能给孩子提供足够的营养。需要教她们在稀饭里加入更多营养和热量的食物。

在我们婴儿喂养的推广工作中，如果我们不持续强调这点，这种教育就很容易被忽视。为孩子提供更好的辅助食品的障碍不仅仅是因为这些母亲还要在工厂或者地里劳动，还因为她们对到底什么食物对孩子有益存在认识上的误区。我们通过“科学喂养”来推广辅助食品的努力经常在妈妈们那里碰壁，尽管我们强调只要加一点点当地出产的食物或者其他一些方便易得的食材就可以了。虽然我们也教了她们在断奶期间的婴儿照顾方法，但她们的育儿方式依然如故。

我们在四川的项目中发现，孩子在一周岁前母乳喂养的比例越高，其贫血的比例就越低；与此同时，母亲受过营养课程培训的那一组，其孩子的喂养结果也好于其对照组别。经过我们培训的母亲所在的小组，其 12 个月大的孩子也比其对照组别中的同龄人发育成长得更好一些（Guldan et al.1993）。

除了在农村地区存在过度依赖母乳和稀饭喂养的情况外，四川城乡之间还有辅助食物质量上的差别。根据表 2 我们可以看到，农村婴儿非常缺少富有营养的食物或者动物蛋白，但这类食品城市婴儿的家中却相当常见。

表 2　四川省城（1993）乡（1992）区域 4 至 12 月婴幼儿日常补充性食物一览

食物	4–6 个月		7–9 个月		10–12 个月	
	城市	乡村	城市	乡村	城市	乡村
牛奶	90（68）	28（11）	91（76）	24（11）	88（80）	21（12）
奶粉	47（35）		33（28）		21（19）	
谷物	21（16）	39（15）	75（63）	45（20）	74（67）	54（31）
菜蔬	35（26）	34（13）	98（82）	90（45）	101（92）	95（45）
肉类	7(5)	6(2)	56（47）	9（4）	69（63）	13（8）
水果	32（24）	12（5）	67（56）	38（17）	76（69）	34（20）
粥	26（20）	86（34）	81（68）	136（61）	90（82）	116（67）

注：在农村地区“牛奶”包含了新鲜牛奶或奶粉。

这些婴儿的喂养方式（尤其在农村）仍是根植于中国传统的那种。孩子在六个月后还过度依赖母乳，母亲们延长哺乳时间（到孩子两到三周岁甚至更长）都很普遍。在翻阅了中国的医学文献和家谱之后，熊秉真（Hsiung Ping-chen 1995）发现母乳喂养是传统中国最主要的婴儿喂养方式，喂养时间经常会延长至两到三岁，有时甚至到四、五岁。尽管医学文献提供了某些方面合理的育儿技术指导，熊秉真也发现，一个孩子只要还在喝母乳，就会很少摄入其他食物。这些医书只建议在孩子出生三天或七天后需要补充非常少的辅助食物。

这些医书还强调食物的易消化，同时也要避免过度喂养。这些建议可能并不直接关注婴儿的成长和营养，而是更多地从增强婴儿的消化和吸收能力的角度来防止其感染疾病，同时减少哭闹的频率。①

这些观念在四川农村比城市更加普遍。当你问一位母亲什么食品对她们 4—12 个月大的孩子最好的时候，她们会回答：米饭、蛋或蛋黄、奶粉、熟肉、母乳、蔬菜、稀饭、水果、鱼还有当地的补品（Guldan et al.1993）。相反的，当被问到什么不能给孩子吃时，答案是“冷的”、“生的”还有“硬的”，此外还有饼干、蛋糕、豆制品、汤、花生、水果和鱼。我在四川的研究没有覆盖超过 12 个月的儿童，但我在 1991 年对湖北、安徽、河南三省农村的调查包含了 9603 名小于等于三岁的儿童。调查发现，在 31—35 个月大的 1237 名婴儿中，13% 还在母乳喂养（UNICEF Beijing 1992）。

从 1992 年中国政府第三次全国营养调查的结果可以看出，城乡婴儿喂养的差异一直持续到青少年阶段（Ge et al.1996）。6—

① 更多关于传统中国的婴儿保健方面的讨论，参见熊秉真（Hsiung Ping-chen 1996：73-79）和刘咏聪（Liu Yongcong 1997：60-79）。

12 岁和 13—17 岁的孩子的饮食数据可见表格 3。从表格中可以看到男女性别对饮食结构的影响较小，但城乡差异的影响却很大，尤其是来自脂肪、谷物和动物蛋白的卡路里摄入量。农村孩子总体的卡路里摄入量和城市孩子相当，但是从动物蛋白中摄入的比例却要小很多。在这里，我们拿香港的例子来做比较。相对于中国大陆的孩子，香港孩子在总体摄入卡路里和碳水化合物较少的情况下，却吃了更多的蛋白质和肉类（Lee et al.1994）。

成长和健康成果

由于饮食和喂养方式的不同，孩子的成长和健康状况也不同。这其中，农村和城市儿童在成长状况上的差距就非常明显，这很容易就能从身高、体重等人体测量指标上反映出来。成长状况和体型的大小受到食物摄入量、体能消耗和日常健康的影响，成长缓慢或停止成长，是营养不良的先兆。成长的测量方式，最早从 1800 年代开始在西方流行，直至现在全球都采用这一方式。它还可以用来预测性能、健康和体力。通过对不同人群中儿童的大量调研，成长曲线可以被规范用作参考，还可以用来评估、监控或筛选相应人口中儿童的营养状况。[1] 成长缓慢

① 关于全世界范围内辅助喂养在营养学和社会效益方面的讨论，参见 World Health Organization（1998）。

表 3　中国大陆及其香港地区学龄儿童食物营养摄取量（按年龄、性别及城乡居住环境分类）

	摄取能量百分比							
	能量（卡路里）	蛋白质（克）	脂肪（克）	脂肪	蛋白质	碳水化合物	谷类	动物性食品
中国大陆								
6-12 岁（样本数：11,630）								
城市（样本数：2,808）								
男性	2,037	71.5	63.8	27.4	13.9	58.7	56.4	17.9
女性	1,883	65.2	58.2	26.8	13.8	59.4	56.8	
乡村（样本数：8,822）								
男性	1,920	58.0	39.5	18.5	12.1	69.4	70.4	7.2
女性	1,806	54.0	36.2	17.9	12.0	70.1	71.2	6.7
平均	1,891	59.3	44.0	20.5	12.5	67.0	67.1	9.6
13-17 岁（样本数：14,608）								
城市（样本数：4,687）								
男性	2,651	83.6	72.9	24.4	12.7	62.9	63.3	12.7
女性	2,225	69.3	62.7	25.0	12.5	62.5	61.9	12.1

续表

	摄取能量百分比							
	能量（卡路里）	蛋白质（克）	脂肪（克）	脂肪	蛋白质	碳水化合物	谷类	动物性食品
乡村（样本数：9,921）								
男性	2,582	83.9	49.6	15.7	11.8	72.5	75.4	4.3
女性	2,440	71.2	43.9	16.0	11.7	72.3	74.8	4.0
平均	2,586	77.2	52.4	18.8	12.0	69.4	71.7	6.5
香港地区								
12周岁（样本数：179）								
男性	2,466	123	82	28.9	19.8	51.2	……	……
女性	1,845	90	60	28.7	19.6	51.6	……	……
平均	2,164	107	71	28.3	19.7	51.4	……	……

数据来自 Ge et al.1996（China）and Lee et al. 1994（Hong Kong）.

和营养不良在过去就是人们关注的焦点，尤其是在发展中国家。但是现在，营养过剩也成了问题。我们在中国大陆及其香港地区都发现了这个问题。

身体测量可以用来评估儿童的成长和营养状况，也可以用来测评健康和食品政策，因为儿童的营养状况是建立在其家庭的食物和其他可用资源的丰富程度，以及这些资源在家庭内如何分配的基础上的。这种关系的证据来源于“长期趋势”（secular trend）数据，这一数据表明在工业化国家过去一百多年的历史中，作为工业革命后饮食结构改善的结果，儿童们比过去成熟得更早，长得更高。环境因素（包括母亲的教育程度和卫生状况）也影响着儿童的成长，它们与食物相互作用并对其发展趋势造成影响。除此之外，有证据表明人群中儿童的身高常常和社会经济的状况有关系。

在大多数发展中国家，人们已经注意到儿童成长的差距。这些国家的大多数儿童都要比其本国特权阶级的子女和发达国家的儿童长得矮一点。在中国也是这样，最能代表中国 3 亿儿童和青少年的农村孩子，长得明显比城市儿童要慢。很少有研究将饮食和中国儿童的体质数据联系起来，但这种差异实际上早在断奶期间就开始出现，其部分原因就来自于两种不同的婴儿喂养方式。这一差异导致了农村地区大量儿童在一岁以前的断奶期就出现了轻微乃至严重的营养不良症状。我们在四川收集到的 4—12 个月大的城乡婴儿成长差异的数据清楚地表明了这一点（图 3）。

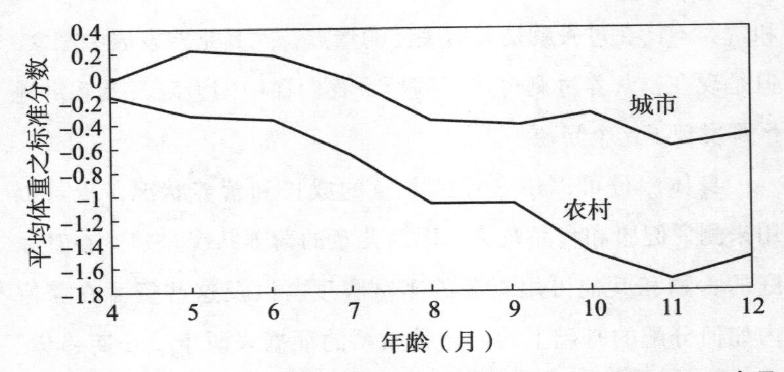

图 3　城市（样本数：363）与农村（样本数：651）地区 4—12 个月大的婴儿平均体重之标准分数（美国国家健康统计中心数据）

这一城乡人口体质的差异并没有引起中国人自身足够的重视。但是有大量的证据表明，发育迟缓的儿童其身体和心理发展延迟的风险也随之增加，成年后患病和过早死亡的危险也会上升。发育延缓的结果很容易被发现。贾米森（Jamison 1989）对北京、甘肃和江苏城乡 3000 名儿童的调查发现，农村孩子一直在学习和成长上落后于那两个省中心城市和北京的孩子。达不到相应年龄身高的孩子会持续落后，这一年龄身高也预测了他们将来在学校里的发展水平。

中国大陆及其香港地区的数据也很清楚地表明了城乡差距和儿童体质数据的长期增长。在西方发达国家，公民的社会经济地位已经相当均衡，儿童身高也比较稳定，群体之间的差异不再存在；我们相信这些社会当中的儿童成长状况已经达到了生理的极限。但是在亚洲，生长的极限还没有达到（Ulijaszek

1994）。因此，社会经济和喂养方式的差异一直都对中国城乡的儿童成长发挥着影响力。这点也在中国大陆和香港地区的差异上表现出来。

自 1970 年代以来，多项调查都发现中国的城乡差距和城乡居民的营养不良率在扩大（ACC Sub-Committee on Nutrition 1997）。另外，随着时间的推移，中国儿童成长数据的变化也很明显，在香港也可以看到这种类似的趋势：1993 年接受测量的孩子明显要比 1963 年的更高、更重，且成熟得更早（Leung 1994）。图 4 至图 7 描绘出 1963 年和 1993 年中国大陆城市和农村还有香港地区儿童身材上的差异。

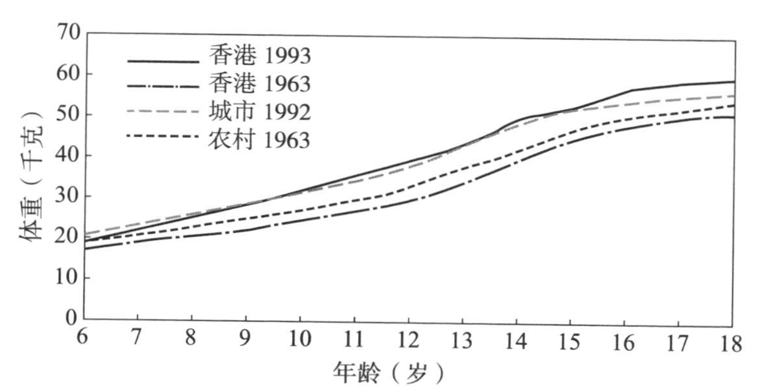

图 4. 中国城乡区域（1992）与香港（1963 和 1993）：男性体重递增

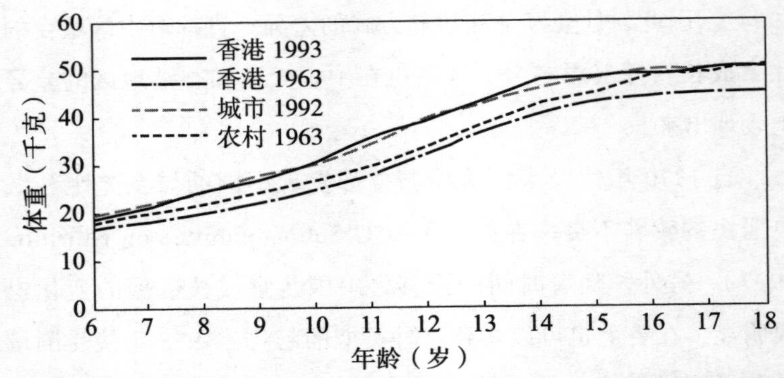

图 5. 中国城乡区域（1992）与香港（1963 及 1993）：女性体重递增

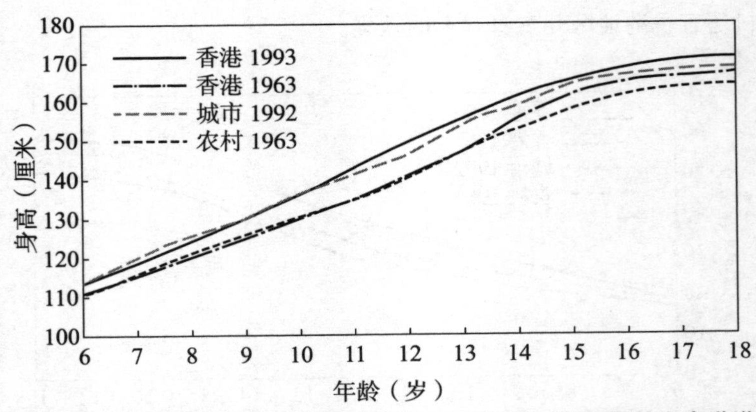

图 6. 中国城乡区域（1992）与香港（1963 和 1993）：男性身高递增

根据一组研究数据，中国城市和农村 2—5 岁的儿童成长差距在变大（Shen et al.1996）。从 1987 年到 1992 年，城市和农村儿童的身高都有所增长，但是农村儿童增高的幅度（0.5cm）只有城市儿童（2.5cm）的五分之一。研究人员认为这种增高幅

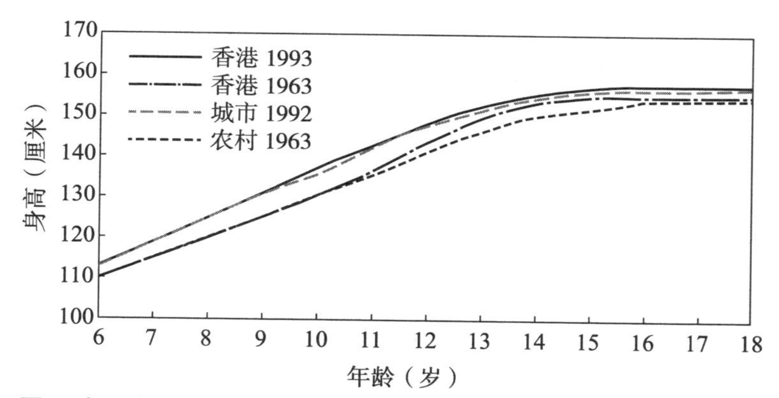

图 7. 中国城乡区域（1992）与香港（1963 及 1993）：女性身高递增

度不一致可能是城乡之间在过去二十年的经济改革中资源分配不均造成的，并提出进一步减轻农村在营养上受负面影响的补偿性措施。一项对山东农村 109 个婴儿的小型研究没有发现孩子成长上的问题（Huang Shu-min et al 1996：355-81）。但这项在 1991 年进行的研究是有缺陷的，它只分析了 1985 年农村地区的数据，却没有将其与同一时期城市婴儿的状况做比较。

而在城市里，那些更高、更重的孩子中，有的人开始出现了超重甚至过于肥胖的情况。他们深受和肥胖有关的疾病的困扰，比如高血压、高血脂、糖耐量受损——这是糖尿病的前兆。不同城市的研究揭示了这些问题都跟城市儿童的营养过剩有关（Sun Xun1991；Ma Liqing 和 Wang xiaofeng 1992；Lu Huiling et al.1993）。在同一时期，另一些孩子的贫穷率和缺铁性贫血的症状却一直维持在一个很高的水平。

这个现象为我们观察城乡饮食差异提供了一个清晰的画面。

1995 年在北京的一项调查发现，8—17 岁的青少年中肥胖病的发病率是 13.2%。有些男生年龄组的肥胖率甚至超过了 20%（Ye and Feng 1997）。1991 年的一项对成都 45 所中学 45188 名中学生的体质调查发现，当肥胖率从 1988 年的 3% 增长到 1991 年的 7% 的时候，还有 32% 的学生处在中度的营养不良状态（Su Yingxiong et al 1991）。

在香港，1993 年的一项针对 24709 名婴儿和不满 18 岁的青少年的体质调查也发现肥胖问题的存在，这其中 11 岁男孩这一组的肥胖率达到 21% 的峰值（Leung 1994 and 1996）。在对比香港和广东 11 岁儿童血清中胆固醇含量时，有学者发现香港儿童的含量要明显高于广东，甚至高于澳大利亚，尽管澳大利亚的孩子们消费了更多的脂肪（Leung et al.1994）。另外，1991 年对台北 1168 名七年级学生的调查发现，男生肥胖率的比重介于 15% 和 17.3% 之间，女生则介于 14.6% 和 15.6% 之间（Yen et al.1994）。另一项研究也发现，许多台北学生深受高血压、糖尿病和血脂异常等疾病的困扰（Chu et al. 1998）。

虽然肥胖的孩子也有可能很活跃、“很健康”，但到了成年阶段，肥胖对健康的不利影响就会逐渐显现出来了。一项覆盖中国 65 个县的针对成人饮食和生活方式的调查用二手材料分析了特殊疾病的死亡率，研究者发现癌症和冠心病这类高危疾病有着共同病因，那就是肉类在日常饮食结构中占有过高的比例（Gampbell et al.1992）。这项研究还发现，又高又壮的成年人群也是一些“富贵病”的重灾区。

从 1978 年至今的饮食结构变迁，以及中国大陆城乡之间、中国大陆和香港地区之间的差异，都是“营养过渡”（nutrition transition）这一现象的表现。在这个过渡过程中，生活方式和日常饮食中的营养比重随着生活水平的提高而改变，它们又一起促成了健康状况的变化。与此同时，中国人的日常饮食也越来越西化（我指的是西方的饮食方式而不是某些西方的食物），尤其是摄入了较高的脂肪和较低的碳水化合物。对婴幼儿来说，这种过渡也意味着母乳喂养比例的降低和时间的缩短。

饮食结构的变迁也影响到了中国人的健康和发育，最终还会影响到疾病的发生率和死亡率。中国在 1949 年后建立的保健政策具有广泛性和公平性，涵盖了农村的农民和城市里的工人。在那时，中国农村的“赤脚医生”制度是具有开拓意义的创新，它对全世界预防和基层医疗系统都有积极的影响。得益于这些政策以及抗战胜利和内战后一段相对和平的时期，中国婴幼儿的死亡率下降了，人们的预期寿命也延长了。1978 年以来，以市场为导向的经济改革将医疗服务也导向了商品化，人们需要付钱才能获得在过去由国家免费提供的服务。让人意想不到的是，城乡之间医疗服务的不平等也随之扩大了。

对妇女和儿童来说，尤其是在农村地区，医疗服务的商品化意味着儿童保健、年轻父母的营养服务、促进婴幼儿健康成长、减少营养不良等疾病预防的资源变得更少了。从 1985 年到 1989 年，城市医疗系统基本完好甚至有些提升；但是农村的医疗系统却崩溃了。除了农村地区医疗支出的增加、婴幼儿死亡率的上升和预期寿命的减少（Shi 1993）等指标外，人均专业医生、人均医院，人均床位的指标也都下降了。这其中，医疗服务商品化对中国农村母婴保健网络的影响是最为剧烈的，以至于在1978年以后农村地区的婴儿死亡率也停止下降了。罗森等人对中国1978—1990年死亡率的统计分析发现，除了城市和农村成人之间的死亡率差距外，农村贫困地区婴幼儿因为呼吸道感染、腹泻和意外造成的死亡率上升到了城市的十倍之高（Lawson and Lin 1994）。一项与哈佛大学公共卫生学院合作、对180个中国村庄的调查发现，30%的村子没有乡村医生，28%的人生病后因为无法承担医疗费而不去看医生，51%的人曾经因为费用问题拒绝去大医院看病（Hsiao and Liu 1996）。现在的中国很需要政策去克服城乡之间营养、健康、成长和保健渠道的差距。

公共政策和政府行动

直到1980年代早期，中国官方对儿童营养都没有干预措施（Groll 1986）。但在此之后，来自计划生育政策的动力促使中国政府开始组织对儿童营养状况进行研究，并呼吁建立咨询性和实践性的机构来降低出生婴儿体重过低的发生率，延长儿童的预期寿命和促进儿童的成长。尽管有关城市儿童的成长数据早在1915年就有了，对农村儿童的相关情况的收集工作直到1979

年才开始（Shen and Habicht 1991）。自此以后，用来监控儿童成长和新兴健康问题的体质调查才作为一项公共政策开始执行。

北京中国疾病预防控制中心（中国预防医学科学院）营养与食品卫生研究所正在着手全国性的调查。1992 年，该研究所开展了第三次全国营养调查，项目内容包括了对 30 个省（自治区、直辖市）居民的日常饮食调查（样本数为 240000），体质状况调查（样本数为 50000）和生物化学调查（样本数为 17000）。这些调查的结果被用来监控各地食品的发展、增长和发病率模式（Ge 1996：43）。另外，中国疾病预防控制中心和国家统计局也通过 1988 年建立的食品和营养监控系统在多个城市和农村地区家庭开展合作调查（Chen Chunming 1997）。收集这些数据的目的就是给制订社会经济发展计划和营养政策提供基础。这些收集到的消息已经优先用来加强营养教育、关注儿童营养（尤其是那些 2—18 个月大的断奶期的儿童）和补助贫困地区。

在全国性和地区性调查的基础上，中国第一份食品指导纲要在 1988 年出台了（Chinese Nutrition Society 1990）。这份纲要和西方国家的差不多，它关注的不仅仅是儿童，而是全体国民。它有效地推动了中国的营养和健康事业的发展。到了 1997 年，这份纲要又出了一个升级版本，并将以下几点列为工作重点：（1）食物多样性；（2）多吃蔬菜、水果和根茎类富含淀粉的食物；（3）每天都吃乳制品和豆制品；（4）经常吃鱼、蛋、家禽和肉，但是少吃肥肉和动物脂肪；（5）通过运动平衡食物摄入；（6）少吃盐和油腻食品；（7）适量饮酒；（8）注意食物卫生

(Chinese Nutrition Society 1990)。

中国改善青少年营养状况的推广组织是成立于1989年的“中国学生营养与健康促进会”，它的工作目标旨在改善从小学直到大学学生的营养状况。这个协会负责健康校园餐和点心的推广工作。在1990年，它将每年的5月20日确定为“中国学生营养日”，通过典礼、演讲和散发传单的方式来促进营养健康的校园餐（Gui Lili 1994）。1994年，为了推动在校学生的营养教育研究，中国疾病预防控制中心营养与食品卫生研究所在其门下成立了“学校营养中心”，每年都通过和“中国学生营养与健康促进会”合作来推广学生营养日系列活动。每年的“六·一”国际儿童节是另一个用来组办健康儿童竞赛和父母健康教育活动的节日。在这些健康竞赛中，参赛儿童的资格常常和他们的身高与体重有关；而在那些和6个月以下婴儿有关的比赛中，母乳喂养是参赛者资格的基本要求。[①]

中国政府为提升青少年的营养采取了许多政策和措施。在1992年，它就做出了一项决议，旨在于2000年前提高全国的母乳喂养率，降低婴儿的死亡率和营养不良比例（Information Office of the State Council 1996）。除了有关健康和营养的规定，这份官方文件还强调了儿童的入学率，包括学前教育、残疾儿童教育，以及儿童的接种疫苗。与此同时，卫生部也和联合国

① 关于这些健康竞赛的讨论，参见 Beijing Review（1994年2月28日—3月6日第7版）。

儿童基金会联合主办“爱婴医院”项目，在全国范围内宣传支持中国家庭进行母乳喂养（参见本书第七章）。

另一项重要的政策决议是“1990 年代中国食物结构改革与发展纲要”（Wang Xiangrong 1993）。这项决议是由国务院会商国家计划委员会、财政部、农业部、水利部和国内贸易部后在 1993 年 6 月颁布的。它承认了中国城乡和地区之间的差距以及促进教育的需要，这是在发展中国家中极少数与农业政策相协调，并与疾病预防相适应的营养政策。

作为对 1992 年罗马国际营养会议的回应，中国政府也制定了《中国营养改善行动计划》。在它计划到 2000 年实现的目标中有一些是专门针对学龄前儿童的。这些目标包括：（1）严重营养不良的比例要减少 50%；（2）根除维生素 A 缺乏症；（3）缺铁性贫血比例要减少三分之一；（4）消除碘缺乏症。这一计划同时也呼吁将 4—6 个月大的婴儿的母乳喂养比例提升至 40%，将结合其他辅助食品的总比例提高到 80%（Chen Junshi 1996）。

结论：站在十字路口的中国

肥胖及其导致的严重健康问题已经在全世界蔓延，它们使许多国家的健康政策问题变得更加严峻。而在中国这样的发展中国家，我们看到的也不仅是营养不良的问题，有少部分的城市人口由于营养过剩而急需降低营养的摄入。中国政府因此必须制定新的政策来应对儿童营养不良与过剩这一对极具挑战性的“双重负担”。尤其重要的是，这些政策最好能够在使一个群体获益的同时又不会给另一个群体增加风险。在这种情况下，我们就需要考虑国家和公共机构以及私营机构各自应当在提升中国儿童健康水平的过程当中扮演怎样的角色。在多大程度上，新的政策和机构会有助于在控制城市儿童肥胖问题的同时缩小城乡之间的差距？现在回答这个问题还为时过早。和其他国家一样，中国公共卫生政策的制定经常为政治和经济因素所左右，而不是单纯出于健康目的。由此，当前食品和健康政策的影响还有待通过未来的儿童成长调查来进一步检测。

我在中国作为一个营养学家和研究员的经验告诉我，当国家还处于发展阶段时，基于广泛群众基础的公共健康营养措施势在必行。这不仅可以应对国家富裕后饮食结构变迁对公民健康造成的影响，而且还可以解决贫困地区人口的营养不良问题。有计划、有步骤的政策将有助于消除城市富裕病造成的危害。除此之外，如果家长、老师、记者、校方、餐饮业者、卫生部门和食品业者能够通力合作，他们就能为解决农村儿童营养不良和城市儿童的营养过剩等问题作出更大的贡献。中国的发展已让世人太吃惊了，这也让我学会了不要对它的未来走向作出任何的预测。但无论如何，中国青少年的营养水平得以提升终归是一件好事，它也将对全人类的健康作出巨大的贡献。

（王展　译）

第 2 章

锦衣玉食，压力饱尝：北京的独生子女①

伯娜丁·徐（Bernadine.W.L.Chee）

确实，近年来中国的独生子女享受着更好的衣食条件……但是在情感关照上，人们通常认为 4-2-1［祖父母-父母-独子］综合症只提供了单向的溺爱。在独生子女家庭中，我们所看到的则是另一个未经报道的侧面……我们发现家长总是尝试去控制、监视、纠正孩子的行为举止。

——吴燕和（David Wu 1996：16）

---

① 致谢：感谢亨利·鲁斯基金会对本研究的慷慨相助。此外，我也要感谢蒋经国学术交流基金会、哈佛大学费正清东亚研究中心、香港中文大学人类学系和社会科学院所赞助组织的会议，这些会议是我写作本章的动力。我特别要感谢那些接受我们访谈的孩子与家长，正是他们才使得我的项目得以成行。华琛（James L. Watson）、华如璧（Rubie S.Watson）、迈克尔·赫兹菲尔德（Michael Herzfeld）、白南生（Bai Nansheng）、郭于华、景军、Wang Muzeng、Wang Shan、欧达伟（David Arkush）、柏桦（C·Fred Blake）、阎云翔、Malcolm G. Thompson、司马蕾（Hilary A. Smith ）、Michael Laris、勒茉莉（Mary Jacob）、Anthony Kuhn、Lu Gang、Wang Xiaofeng、罗立波（Eriberto Lozada）、Jr., Karl Ruiter 和 Christine Chee Ruiter 在本文写作的不同阶段都给了我许多帮助，我要感谢他们的热心和善良。我愿将本文献给我的父母 Bernard L. K. and Loretta S. K. Chee。

近年来，学者们已经开始注意到中国计划生育政策下出生的独生子女在生活中承受的各种压力和负担。在这些学者的描述中，独生子女们在父母的严格管制下过着受拘束的生活。这与中外媒体先前对中国家长纵容独生子女，让他们无忧无虑生活的报道截然不同（R.Baker 1987）。这两个描述相互矛盾，各自展示了中国独生子女充满欢乐抑或压力的世界。这两个迥异的观点如何才能协调？两者之间的矛盾又需如何解释？

独生子女在其他一些国家（如爱沙尼亚）也很常见。而在中国的一胎政策下，生育率的显著下降（Kristof 1993）使得众多独生子女在家庭生活中占据了中心且特殊的位置。在当代中国的城市里，独生子女占儿童人口的绝大多数，他们体验着与其他地方和时代的独生子女截然不同的同龄人关系。

中国独生子女政策的影响一直是前人研究的重要议题（譬如 Kaufman 1983；Greenhalgh 1990）。研究发现，在中国，独生子女与多子女家庭的孩子之间并没有显著的心理差异。这一研究发现推翻了之前关于独生子女心理问题的假设（Falbo et al. 1996：270, 280）。与此相反，吴燕和及其他一些学者的研究则发现，对于 1979 年后出生的孩子来说，城乡居住地、学前教育的入学率、父母的背景与这些孩子的心理、行为差异有显著的关联性（D.Wu 1996：5-12；Falbo et al.1996）。一份 1991 年对 500 名上海学前儿童父母的调查显示，尽管这些独生子女在家中占据“中心”地位，他们在学校并没有受到特别优待（Xue 1995：8）。

与以往的研究采取统计学方法不同，我对中国独生子女人群的考察主要依赖直接的访谈。1995 年，我与中国社科院的郭于华合作开展了一个访谈项目，我们利用饮食这一主题作为主要调查方法来了解北京城市孩子的童年经历与家庭关系。我们决定以食品话题为中心进行访谈是基于以往的人类学家们对包括食品在内的商品的理论见解——他们认为商品实际上是“人类创造力的非语言媒介”（Douglas and Isherwood 1979：62）。这其中，食品消费[①]被视为一种可以描绘特定人际关系的象征符码（Mennell et al. 1992），它能够表述包容与排斥（Powdermaker 1932：236；Simoons 1961：121；Ohnuki-Tierney 1993）、高贵与低贱（Goody 1982；J. Waston 1987）、亲近与疏远（Douglas 1975：249-75）等类型的社会关系。饮食也能让我们了解自己，正如西敏司（Sidney Mintz）所观察到的：饮食作为一种深嵌的惯习（rutted habituation），是如此接近我们记忆的核心、性格的结构和有意识的行为；它实际上已经成为自我主体的一部分（1993：262）。

在我们 1995 年的研究中，我们假设决定吃什么食物、谁吃、吃多少的过程也是一种深嵌的惯习。[②]通过分析食品消费的

---

① 需要着重指出的是，与其他商品的讨论一样，食物选择自身被认为会随着时间流逝而发生变化，特别是对新奇事物的选择（Campbell 1992：58）。例如，1997 年我访谈的北京一家零食店店主爆料说，孩子们似乎对 1995 年风行的虾片不再感兴趣了，他们现在最想买的是一种新口味的水果糖和海苔。

② 这意味着饮食选择与日常生活的其他方面，如衣物、交通、教育、工作和娱乐的选择一样，共享着相同的逻辑。对人们而言，这样的选择通常是可重复的、大量的和不易察觉的。

选择过程，我们希望本文能够提供给读者有关独生子女日常生活中的欢乐和压力的新见解。[①] 在完成访谈项目以后，我还在北京的一家餐厅里进行了儿童饮食消费的后续研究。通过在餐厅里进行参与观察，与顾客和餐厅工作人员交谈，我更好地理解了自己收集的访谈材料。

访谈项目的概况和基本发现

为了验证研究设想，我们在 1995 年 6—7 月份采访了北京市两所小学的学生和家长。在海淀区的小学，我们从二年级到五年级的学生中挑选了 10 名孩子（8—11 岁），他们的父母大多是知识分子——这在大学和研究所云集的海淀区并不奇怪。而在崇文区的小学，我们分别采访了 5 名二年级（8 岁）和五年级（11 岁）的学生，以及他们在工厂、政府部门和其他场所工作的父母。此外，在崇文区的小学，我们特地拜托老师帮助我们挑选来自高、中、低收入家庭，同时学业成绩属于不同档次的学

① 具体而言，我们深信，对这些孩子日常饮食的调查能够为我们理解他们的日常生活提供一个切入点，尤其因为汉族人对事物象征价值的敏感是有其深厚传统的，参见张光直（K.C. Chang, 1977）的人类学和历史学研究。也有研究揭示了食物在中国社会中具有分化和区分不同家庭和宗族关系的功能（J. Watson 1975：210；Parish and Whyte 1978 ：3）。

生作为我们访谈的候选对象。[①]

在一个半小时到两个小时的家庭访谈中，我们询问了学生和家长他们早饭、中饭、晚饭及其他时段通常都会吃些什么。[②]这个调查旨在理解他们的“食物圈”（J.Tomas 1994）。我们也欢迎他们讨论那些不在我们计划之内的主题，这样有助于他们在讨论中尽情发挥。

通过对儿童消费食物的种类和多样性的描述，独生子女拥有的丰富的物质生活与情感愉悦已经被记录和证实。在本章中，我将集中讨论独生子女在校内外生活上的压力。为了解释愉悦感与压力感并存的矛盾，尤其是接受我们访谈的孩子们所承受的高压负担，我的分析将集中在崇文区学校五年级的 4 个女孩和 6 个男孩身上。这些 11 岁的学生比 8 岁的学生更善于表达自己。此外，他们来自相同的班级，由相同的老师授课，这与我们采访的海淀区学生不同。

从海淀区学校所收集的数据也证实了我的分析。[③]此外，本文的讨论也利用了我 1996—1997 年在一个北京餐馆的田野调查，

---

① 通过对具有不同经验和背景的孩子来进行访谈，我们希望了解到更多影响孩子生活的因素。

② 除了本章中我们已经讨论到的社会因素之外，生物学的和心理学的因素也会影响人类饮食的偏好。参见 Rozin（et al.1986），Birch（1980）和 Pliner（1982）的相关研究。

③ 我们访谈的海淀区学生是由校长从不同年级选出来的，他们都在学校里有很好的表现。他们对食物的讨论和本章接下来讨论的三个家庭情况有着不同程度的相似性。

那时我有更多的机会直接观察大人和小孩是如何点菜，以及如何选择饮料的。

我们认为独生子女之间的关系值得更深入的调查。很多学者都通过中国父母、老师和非独生子女的视角，或者和别国的独生子女对比来了解中国的独生子女；很少有研究是在中国独生子女之间进行比较——但这正是我们的研究所采用的视角。这一视角有助于揭示中国独生子女们所承受的实质性的社会压力。与此同时，也是由于我们的研究主要集中在对他们访谈的内容上，而不是在数据分析上，所以我们更能理解和分析这些独生子女所经历的社会压力背后的个人因素。

我的分析表明亲属和历史的连锁压力在形塑父母和独生子女的动态关系方面发挥着至关重要的作用，它加重了受访的北京孩子的压力。郭于华在本书的第 4 章中用另一种视角来解读这些材料。她的研究结合了我们访谈的 30 名北京学生与其在江苏农村的田野调查，讨论了学习和知识生产的社会学议题。

虽然本章主要关注都市里的独生子女，但是我也留意了农村的独生子女。中国的一胎政策为少数民族和城市里双方都是独生子女的夫妻保留了一些例外的空间（Feeny 1989）。在农村地区，只有当一个孩子（大多数情况下是女孩）有可能造成家庭经济困难的情况下，这对夫妻才有机会被允许生第二胎。换句话说，我们可以认为一胎政策没有强制实施的时候，农村地区会出现更高的生二胎、甚至更多胎的情况（Huang Shu-min et al.1996）。农村与城市的差异进一步显示出我此处分析的局限，即农村地区的死亡率和严重营养不良的发病率要更高；而在中国的城市地区，儿童快速增长的肥胖率也令营养学家感到担忧（G. Baker 1998；Turner 1996）。因此，我希望读者在阅读本章时能够将我的讨论放在中国城乡居民生活际遇的差异脉络下来理解。

同龄人的重压

本节考察了 10 名北京低年级学生的自述。根据这些访谈，我认为他们不能被直截了当地归类为"被宠坏的孩子"，他们的父母也不能被简单地认为是"易溺爱的家长"。例如，虽然孙悬[①]挑食不吃蔬菜，但他并不像其他一些同学那样要求父母买昂贵的零食。赵志刚有时会偷偷地买棒冰，但也继承了其父母在家几乎不吃零食的保守心理。相对的，虽然沈笠的妈妈对自己儿子完全不吃蔬菜感到很惊愕，但她对儿子吃零食的数量和质量都极少关心。

虽然不同的孩子对食物消费的态度存在微妙的差异，他们之间还是有许多相似之处的，比如说，我发现有 4 个学生都深受其同学的压力而去消费特定的食品。这种同辈的压力尤其影响了孩子对小吃或零食的消费。

中国人常常用"攀比"这个词来描述同辈之间的比较乃至

① 出于保护的目的，本章所有提及名字的孩子所用的都是假名。

竞争关系。在我们的访谈中，小学高年级的学生已经明白这个中文词的意思：通过与别人竞争、比较来超越他人。也是通过访谈，我们发现孩子在食物选择上的攀比具体表现为吃流行的食品，这被认为是声望、物质财富和个人幸福的象征。此外，消费时兴的零食也对个体的社会地位有着决定性的影响。张月是一个口才不错的女孩，她告诉我们：

> 曾经有一个同学带了一个新大陆牌的冰淇淋到学校。我说，“我以前从来没看过这种冰淇淋。”她说市场上很早就有这个牌子了，它是最出名的牌子——我怎么会不知道呢？放学以后我就去买了一个。虽然挺好吃的，但那时是冬天，我牙齿都冻疼了。

很显然，张月是受到同学尖刻评论的影响后才去买了那个冰淇淋的。她解释道：“我碰到没吃过的东西，无论什么时候都会立刻买一个。我不得不去尝试新东西，不然和同学聊天时会插不上话。”对于张月来说，购买、消费流行的食物对其融入社会有着决定性的影响。她的同学也有类似的想法。这些想法揭示出攀比问题的严重性。以高天俊为例，他的父母每月工资少于1000元。他的父母说，他们家钱每个月都不够用。尽管如此，他们还是很重视孩子的教育，每年要在孩子的书法培训课上花320元。他们说高天俊并不挑食，每次父母问他晚饭想吃什么，他都说“有什么，吃什么”。但是同学们赶时髦消费的行为还是让这个孩子感受到了压力。他的父亲跟我们说了一个故事，但在开讲之前他还请我们不要笑话他们。

有一天外出的时候，高天俊要他的父亲买个和路雪冰淇淋。[①] 他的父亲对访谈者说："我想，孩子想吃，我买一个就是了。可是，我看到价格是 3.5 元，我说'你真会挑'。但孩子真的想吃，所以我给他买了一个。"这位父亲继续说到，他儿子当时的解释是：有次在学校，同学问他："高天俊，你有没有吃过和路雪冰淇淋？"他告诉同学他吃过。同学接着又问："味道如何？"他说味道好极了。

高天俊的父亲说，"事实上，孩子之前并没吃过。他害怕别的孩子笑话他，讲了违心话。为此，我得买一个让孩子尝尝。"高父还说这事让他觉得心里很不舒服。也是在这个时候，访谈者注意到高天俊热泪盈眶。

为什么像高天俊和张月这样的孩子会觉得其同学关于流行食品消费的问题如此令人不快，乃至还存在潜在的威胁？吴强给出的答案可能是其中一个原因。他跟我们谈起全班去野炊的户外活动，说起吃饭时分享食物的场景，他观察到："有的同学会一起吃，一起分享食物；但也有人吃独食。其中一个同学被别人说是乡下来的，我们老打他。"在这个例子当中，对农村的

① 和路雪冰淇淋隶属于联合利华集团旗下。接受访谈的很多家长都表达了他们对和路雪冰淇淋的看法，认为它含有过多的牛奶。和路雪的棒冰明显要比其他牌子贵很多。在十三种和路雪棒冰中有十一种的售价为 2 元或者更高，梦龙棒冰的售价则为 7.5 元，差不多是一顿午餐的价钱了。

社会污名化把一个学生推向了社交圈子的边缘，同学们用暴力手段打击他的特立独行。高天俊的违心话无疑也是为了避免被同学殴打或者排挤。

同高天俊一样，沈笠通过追逐时尚消费和零食分享而被自己的同学所接受，尽管他的父亲正在监狱里服刑。除了有许多玩具和一大笔零用钱以外，沈笠常常买不同的东西吃。如果不喜欢，他会把东西送给同学。“因为我经常给他们东西吃”，沈笠说，“于是当他们有东西吃时，他们也会分给我。”作为零食交换的主力，沈笠赢得了稳定的同学关系，有效地让人忽略了他的家庭背景。

讨论

上述对孩子间交往活动的观察揭示了同辈压力的严重性，这种来自同龄人的压力时刻影响着孩子的言谈举止。但导致他们如此迫切寻求认同的因素真的仅仅是同学的拳脚和冷眼吗？

为了回答这个问题，我提出如下想法：首先，我们考察的十个孩子中九个是独生子女，只有张月有一个长期寄宿在托儿所的弟弟。那些没有兄弟姐妹的孩子无法建立广泛的手足关系，除非有亲近的堂兄妹，否则他们只能从同学中选择结交自己的密友、保护者和资源共享者。

虽说独生子女缺乏兄弟姐妹这一问题在其他国家也存在，但我认为它在中国城镇地区的影响更为显著，因为大多数城市儿童都是家里唯一的子女。也就是说，如果孩子想在一个满是独生子女的班级里结交朋友，他在稳固友谊方面将面临更激烈的竞争。

另一方面，与同龄人交往所带来的好处（如缓解孤独等）也解释了为什么孩子们将融入集体看得如此重要。例如，王燕如的母亲对我们说，她的女儿一直很期待我们的采访，因为这样一来就有人可以在这个暑假的周六陪陪她。王燕如的母亲是一名政府部门的研究员，她说她女儿这一代人的童年生活要比她当年孤独得多，那时候孩子们没有这么多的课业负担，还有兄弟姐妹相伴。

如果孩子们自己能够意识到，或从父母那里了解到人际关系对于中国人的重要性，这种友谊竞争将会变得更加激烈。杨美惠（Mayfair Yang 1994）论证了“关系”（或“私人关系”）对北京城区居民社会流动的重要性。从小开始，孩子们就被鼓励培养发展“关系”的能力。1997 年时，我熟识的一位北京父亲对此观点表示赞同，而他的儿子就是这样一个例子：尽管这个上小学四年级的孩子在校成绩不好，但却有一大帮朋友。

对于孩子们热衷于与同学攀比这个现象的另一种解释是，这样做有助于孩子自我认知的发展。心理学家观察到，同龄人群体能够帮助孩子发展出自我的概念——其他同龄人对待一个孩子的方式，以及这个孩子被他人接纳或排斥的状况将会让他清楚地意识到自身的优缺点（Mussen et al. 1974：515；Birch 1980：489-96）。如果家中没有兄弟姐妹，那么独生子女就只能通过同学对他 / 她的态度来获得自我认知。

在北京等很多城市，大多数 1979 年后出生的孩子都是独生子女。自我认知的需求解释了为何受访孩子之间常常问“你有没有吃过 XX 牌零食”这样的问题。这也解释了为何“攀比”现象在独生子女中如此普遍。张月的例子更进一步说明了独生子女之间的激烈竞争也影响到了非独生子女。

家长的妥协与默许

我在本章中描述的十个孩子，他们的父母都曾以不同的方式和孩子协商过食谱的问题，其中有七个采取了同一种方法：直接询问孩子想吃什么。有些父母将孩子的口味偏好看作餐桌上的头等大事。

高天俊的父母尤其如此，他们把儿子的饮食视为家庭经济状况改善的标志和表达父母之爱的特殊方式。他们两夫妻的老家都在河北省，那些地方从前都是一贫如洗——他们俩就是吃粗茶淡饭长大的，菜里几乎没有多少油星。而煎炒烹炸食物时，油是必不可少的原料。“现在生活条件改善了”，高天俊的父亲说，他的妻子补充道，“我们现在给孩子吃东西就讲究多了，我们也用油炒。”

其他家长也要迎合孩子的口味，他们认为这样能增加孩子的食欲。比如王燕如的母亲就说，她因为从小吃惯了清淡的广州菜，所以没有照顾到女儿较重的口味。这位母亲解释说："不过后来我想到，孩子还小。要是她不喜欢吃这个菜，那她就会不吃或者只吃一点。"结果，父母还是迁就了王燕如的口味。

但也有家长在和孩子协商的过程中遇到了困难。孙悬的父母从小就没法说服儿子吃蔬菜，只有青豆是他可以接受的。沈笠不管她妈妈如何恳求都不吃蔬菜，他只爱番茄炒蛋。张月的例子则更令人惊讶，她通过在吃饭问题上和父母讨价还价来获得买零食的钱。

通过从父亲那儿搞到零花钱，张月得以摆脱母亲对她吃方便面的控制。她父亲在一家银行上班，母亲是一名护士。他们两人都不常去饭店吃饭，因为那些品质好的饭店都太贵了。张月的母亲想降低女儿吃方便面的频率，但她的丈夫却"纵容"女儿，每次都给她四、五块零花钱。"我不赞成她吃那些东西，但她一出门就买，我也无能为力。"这样一来，张月的父母就有了分歧，而父亲这一方对此类消费的支持总能占上风。

张月的同学吴强控制父母的策略也很有启发性。他的父母分别在一家批发市场和一家旅馆工作，至少每月要出去下一次馆子，这比我们采访过的其他家庭都要频繁。他的母亲曾试图培养儿子良好的饮食习惯。吴强说："学校附近有一些小吃摊，我们同学都在那买东西吃。妈妈说那些人的手很脏，她不让我买不干净的东西。"

吴强很努力地向父母争取零花钱。他告诉母亲："我所有的同学都有零花钱，有的人甚至一星期有十块钱。”调查显示，十个五年级学生中有六人说他们可以从父母那得到零花钱，其中有四人还可以定期拿到钱。零花钱的数额从每周 2 元到 5 元不等，孩子们用这些钱来买零食、早饭、玩具和书籍。

吴强的母亲说：“我一开始并没有给儿子零花钱。我看到儿子的同学都有钱花，但他没向我们要，而是去找他奶奶，之后奶奶又告诉了我们。我一天只给他两块钱。”

祖母对母亲的无声压力使得吴强有机会去买他母亲不让他吃的那些零食。“我一直不让他买那些小摊上的东西，不过有时候他偷偷地买。你要是不在他身边，你就别想管住他。”吴强的母亲说。吴强和张月的经历告诉我们，孩子通过向父母和祖父母拿钱购买零食来缓解同学的压力，而家长最终也会默许孩子买他们心爱的零食。

食物、家长和孩子

通过对父母们（有时还包括祖父母们）的亲属关系认同进行反思，我们可以理解为何家长总是对孩子百依百顺。独生子女父母和祖父母的长辈认同要比有多个子女的同龄人更强烈，这种观念在近几年已是司空见惯。试想有一对老人，在传统儒家思想和上世纪五十年代支持生育的政策影响下，可能会有三个子女，继而有九个孙子女。在这种情况下，他们将需要把关爱和资源分成九份分给每个孩子。

再假设有一对老人，他们有三个孩子，但这三个孩子由于八十年代的计划生育政策都只生了一个孙子女。他们做了大半辈子子孙满堂的梦，到头来只有三个孩子叫他们爷爷奶奶。这两位老人自然要比有九个孙子女的老人更宠溺孩子。

父母对独生子女的感情更加深重。现在的中国父母本可以生养更多孩子，但由于计划生育的限制，独生子女成了他们实现其父母身份唯一的机会。这个孩子的成功与欢乐就成为了他们为人父母履行职责、寄予希望和付出努力的唯一标尺。

从习惯儿孙绕膝的老一代人的角度来看，如此紧密的亲子联系即意味着中国的独生子女将拥有惊人的权力——他们至少可以说服父母、祖父母六个人当中的一个来让自己的消费需求如愿以偿。中国媒体也曾报道过“4-2-1”的亲子关系容易产生对独生子女的溺爱，但事实也许远比媒体报道的要来得严重。

我们还需要从历史经验的角度来考察家长们对子女的种种妥协行为。这些家长出生在文革年代（1966—1976），他们有着詹姆士·克尼尔（James McNeal）所谓的“补偿综合症”（compensation syndrome）的特征——他们总想给孩子提供自己小时候不曾有过的物质财富。由于八十年代实行了社会主义市场经济改革，家长们有了更多可自由支配的收入，因此能够比他们的父辈花更多的钱在孩子身上。更有甚者，这一代的孩子要比他们长在红旗下的父母更“有头脑”，懂得如何让父母对自己惟命是从（Chadwick 1996）。[①]

虽然我们讨论的大多是家长和独生子女之间的关系，但问题的关键也许并不在于只有一个孩子的事实，而在于计划生育的政策减少了孩子的数量，与此同时市场改革却增加了可以用在孩子身上的资源。因此，上述解释也适用于那些有两个孩子的家庭——通常是在小城市或者农村等计划生育控制较松的地区，这些地方的政府出于经济需要允许家庭生第二胎（Greenhalgh 1990；Huang Shu-min et al. 1996：367）。

另一种路径：统一的父母控制

上述讨论强调了社会力量和个人动机对七个受访家庭在饮食消费方面的影响。在这一节中，我转而考察父母对孩子进行饮食消费限制的三个家庭。这些分析将揭示，在强大的同辈攀比压力下，父母如何以及为何能够成功地让孩子对自己言听计从。

第一个家庭：陈姬的母亲是个会计，父亲在人民大会堂工作，那是重要的党政会议以及外宾接待仪式举行的地方。父母

---

① 有学者指出，有的中国父母（主要是汉族）给孩子零花钱是希望孩子能够记住他们的好，等他们老的时候会照顾他们（Milwertz 1997；M. Wolf 1972；Ilkels 1993）。但在我们的调查中，当我们问及家长，“你对自己的孩子有什么期望吗？”他们的回答总是希望自己的孩子能够考上大学，或者在竞争激烈的环境中能够自己照顾自己。

双方都是高中学历。她母亲非常关心女儿的饮食，除了北方的家常菜以外，她还不辞辛苦地为女儿做品种各异的鱼。特别值得一提的是，陈姬的父母每周日都会带她去商店，偶尔也会给她买点新奇食品尝尝。但她自己并不特别爱吃零食，也不挑食。

第二个家庭：卢恬花的父母都在中学工作。她的母亲非常在意营养，对女儿的饮食进行严格的控制。她的父母都限制她吃巧克力的数量，因为他们认为这会导致额外的内火（传统中医的概念）和肥胖，并影响她的胃口。[①] 从恬花很小的时候开始，他们也限制她吃冰淇淋。除此之外，他们也不允许她向爷爷奶奶要零花钱。

第三个家庭：尽管彩电进入北京普通人家已经有将近十年的历史，这个家庭依然只有一台黑白电视机。当我们询问周荣是否吃过和路雪冰淇淋时，他说自己甚至从没想过这个事情。他的父母对儿子的态度表示赞赏，说他非常懂事，能够体谅父母在经济上的拮据。

学业成绩和饮食规律

有意思的是，这三个家庭的父母都对孩子的教育和前途表

① 在其他十个父母中，只有两人表达了对食物营养成分的重视，其中一位还是护士。这两位母亲都知道维生素和传统中的“冷”、“热”食物的概念。

现出一种强烈的，甚至可以说狂热的关注。陈姬的母亲说自己一直尽力地满足女儿在教育上的一切需求，如果孩子在学习上需要什么东西，即使很贵，她也会买下来。卢恬花的父母和陈姬母亲的观点一致，但他们还补充说，如果一样东西与女儿的学习无关，即使再便宜，他们也不会买。周荣的父母则说，因为自己没有念过大学，所以受教育水平很低，他们“特别希望”自己的孩子能上大学。尽管其他七个家庭的父母也很重视自己孩子的教育，但他们并没有表现出如此强烈的愿望。

更重要的是，这些严格控制孩子饮食的家庭，父母双方都对自己采用的方法有高度的认同感。他们把食物作为健康和纪律训练的一种特殊的教育方式。在陈姬的例子中，她的母亲完全掌控了女儿的饮食——她不仅努力控制女儿的饮食习惯，还积极地提高女儿在烹调和营养方面的知识。这些努力作为一种防御措施，可以有效地抵挡来自同班同学食物消费的竞争。卢恬花的父母也用各种方式牢牢地控制孩子的饮食，选用大部分父母都没有采用的方式来树立自己的家长权威——比如从小控制她吃冰棒的次数，禁止她向长辈要零花钱等。最后，周荣的父母通过日常生活的行为证明了节约的重要性，他们特意表扬了儿子在不被奢侈食品诱惑时所表现出来的成熟。

这些父母都把孩子的饮食作为教育问题来对待。与前面讨论的 7 对父母不同，他们的行为说明了饮食对他们而言是一种训练技术，而非一种享乐方式。在面对这样坚定一致的长辈时，这三家的孩子都没有用语言或者行动来抵抗；相反，他们都

“非常懂事”，顺从着父母的权威。

乐趣和压力的背后

在这一节中，我将说明血缘身份和中国政府的政策变化带来的影响。这些影响不仅包括了父母在食物消费方面的认知，也包括了他们强加给孩子的学业压力。对独生子女来说，那些让他们获得物质享受（包括吃零食）的因素同样也给他们制造了学业压力。我假定从孩子的角度来看，家庭作业和教育需求是等同于工作的（与娱乐相反），而他们在学校里的表现，以及未来是否能够更好的升学最终也会影响到他们的就业前景。

吴燕和的研究记录了一些父母对年仅 4—6 岁孩子施加的沉重的智识要求，小小年纪什么都要学（David Wu 1996：16-19）。大一些的孩子要面临更多的挑战。一个 13 岁的北京小姑娘在 1995 年通过了人大附中的入学考试后说：“我去年太累了，真想完全放弃，跑到巴尔干去死。”（Crowell and Hsieh 1995：50）[①] 另一方面，她的母亲却狂喜地宣布“孩子做的非常好”。另一个 12 岁的小姑娘说：“我和我的朋友都认为父母对我们不够在乎，他们只关心我们在学校里的表现”（1995：47）。吴燕和认为这种强加给独生子女的要求是中国儿童社会化的一种激烈形式——

① 1995 年的巴尔干半岛正处于种族大屠杀的阴影下—译者注。

用传统中国的概念来表达即“管”，意在对儿童进行“统治、监测、干预和控制”（D. Wu 1996：I3）。

我想举一个受访学生和家长的例子来说明学业压力的沉重。在这个例子中，因为我和受访人之前就认识，所以她们在交流过程中非常放松。在采访时，我请她们描述一下小姑娘的在校生活，她们便讨论五年级学生面临的学业压力。这家的母亲说自己的女儿虽然也会觉得累，但她还是要比班里的其他同学好一些。那些孩子为了完成作业，有时要熬夜到晚上十一、二点。这位母亲观察到：“父母知道现在学校的竞争非常激烈，有时一分甚至半分的差距就会带来天壤之别：有的孩子上了好的学校，有的则失去了这样的机会。”当然，这个说法背后潜藏了这样的预期：如果孩子进入好的中学，他们将来就有更大的机会上大学，并进而获得理想的工作——在中国，教育成就是获得好工作的重要保证。

在这里，我假设如果我们进行访谈的那个班级的大部分学生都是其家中唯一的子女，而他们的父母又把他们所拥有的资源都投资在这个孩子身上，那么这个班的学生将会在考试中面临巨大的压力——独生子女的学业压力显然会比非独生子女来得大——如果一个家庭原本有三次机会培养出至少一个学业优秀孩子，现在它只剩下一次机会，不成功便成仁。这一假设被一项在上海进行的调查所证实，研究者发现独生子女的确比非独生子女要承担更多来自父母的压力（Xue 1995：7）。

从政治史的角度来看，那些有文革经历的父母的“补偿综合症”导致了他们在物质上对孩子过度慷慨，与此同时也对孩子有过高的要求。比如我就认识一位做会计的北京妈妈，她在革命期间当过红卫兵。为了鼓励女儿努力学习，1997 年的一天下午，我听到她这样对女儿说：“如果我年轻的时候有你现在这样的受教育机会，你觉得今天我会在哪呢？”尽管世界各地有许多父母都会说这样的话，但在中国，这句话承载着特殊的意义——1960—七十年代中国教育体系的混乱造就了这一代迷惘的父母。

除此之外，在社会主义市场经济时代，正如商人们利用亲子关系来增加产品销量，小学五年级的老师也通过亲子关系来向学生施压，鼓励他们努力学习。尽管大部分老师的动机很无私，只是希望学生取得好成绩，但仍有一位母亲怀疑她认识的一些老师有隐蔽的动机。她认为，正因为老师的收入是和学生的考试成绩直接挂钩的，他们才对学生提出很高的学业要求，并积极寻求家长的支持。在家长会上，一些老师会为自己给学生布置超过教育部①规定的额外作业辩护，他们告诉家长“我这么做是为了你们的孩子好”。尽管家长们可能意识到孩子的学业负担过重了，但渴望孩子学业优秀的父母仍会欣然接受监督孩子完成作业的任务。

不少中国父母不仅试图在当下为自己的孩子提供富足的物

① 按照这位母亲的说法，为了确保孩子的健康发育，中国教育部规定孩子在下午五点放学后就不该再做家庭作业，他们应该有充分的娱乐时间。

质生活，为确保孩子的未来，他们也尽力让其获得良好的教育。这样的双重目标源自这些父母自身的亲属身份和成长经历——在文革中长大、在计划生育的时代为人父母、在社会主义市场经济的时代获得了足够的可支配收入。面对父母的压力，独生子女有时会发现自己身处在挤破头的竞争当中，这些竞争包括了由老师主导的学业考试和同辈人之间的攀比。也正因为此，对这些孩子来说，物质的愉悦总是和社会压力与学业压力联系在一起。

结论：脆弱的独生子女

正如我在前文中揭示的，父母与孩子的成长经历和亲属身份对北京学生在零食消费和学业上的竞争有很大的影响。这些高压无不让受访的学生感到自己身处在一个令人尴尬的位置。通过购买流行食品和在学业上获得高分，独生子女们的确可以提高自己在同侪中的声望。但也正因为此，他们不得不持续增加在零食消费上的投入，并为学业做出更多的牺牲。

在对十位五年级学生的访谈中，我们发现了广告对儿童零食消费有很大的影响。这些广告的形式非常多样化，包括彩色包装、电视商业广告、有奖促销和游戏等。1994—1995 年的夏天，北京和其它大城市的街头充斥着和路雪、新大陆、美登高和其它品牌的流动货摊，这些货摊深受孩子们的欢迎。肯德基、麦当劳、上海荣华鸡和其它快餐店也都打出了显眼的横幅广告，趁着暑假进行促销。

从市场营销者的角度来看，儿童群体并不是一个孤立的市场（Stipp 1988；McNeal 1992）。事实上，他们塑造了三个潜在的市场：他们自身在当下的消费构成了儿童商品市场；他们对父母的消费影响力推动了成人消费市场；他们的成长也塑造着未来的商品市场（McNeal and Yeh 1977：45）。我们可以很明显地在当下的跨国公司营销策略中发现这种看待儿童群体的方式。以麦当劳为例，1997 年它在北京已有 38 家分店（Advertiser News Services 1997：A2）。在英国高等法院最近的一个案例中，麦当劳的广告被指“主要针对儿童，利用其说服或者纠缠父母去麦当劳用餐”（Hobson 1997）。这种市场营销的手段旨在勾起孩子对某一产品的消费欲望，而孩子往往需要父母的财政资助才有能力购买这些产品。[①]

通过对北京学生群体的研究，我们认为，将孩子作为消费主体这种商业策略导致了亲子关系的裂痕，而修复这一裂痕的唯一方法就是父母为孩子消费。中国政府一方面对城市家庭的生育行为加以控制，另一方面又鼓励出生的孩子成为积极的消费者，这一双重政策的效应使中国的消费品市场大有潜力。一

---

① 不少接受采访的家长都很怀疑媒体广告中那些自称对孩子身体有益的食品。本书第 8 章关于娃哈哈饮料的争论也说明了这一点。1996—1997 年国营电视台和报纸曝光了大量的虚假广告和伪劣产品，这显示了中国的消费者协会和相关机构在帮助家长保护孩子方面效果并不明显。

项对北京和天津 1496 名幼儿园与小学学生的调查显示，中国城市儿童“对其家庭购买力的平均影响力远超美国儿童，而且很可能超过世界上任何一个地方的孩子”（McNeal and Yeh 1997：56）。

因为看到中国庞大的独生子女人口数量及其对家庭购买力的巨大影响，跨国公司蜂拥而入中国市场。1996 年，广告公司格雷香港（Grey Hong Kong）和格雷中国（Grey China）的创意总监詹姆斯·查德威克（James Chadwick）开展了一项为期五个月针对中国儿童的调查。就这项调查的目的，他解释说：“很显然，此时此刻每个人都对中国儿童感兴趣，尤其是西方的商人。他们手上有一堆占领世界其他地方的知名品牌，自然也想把这些商品引进到中国。”（Chadwick 1996）这些商业精英将中国儿童视为全球品牌的巨大消费群体，他们通过设计各种新奇的产品来吸引这些孩子，他们的商业观念和行为已经并将持续影响中国孩子之间的激烈竞争。

在本章中，孩子们感受到的消费和学业压力令人想起了埃米尔·涂尔干的论断，他认为财富增长所带来的精神上的痛苦，要比困窘时期的更为严重。涂尔干的研究试图解答一个问题：在十九世纪中后期的普鲁士和意大利，在经济快速增长的同时，为何自杀率也上升了？他的答案是，贫穷有助于抑制欲望，因为“实际的占有物是占有欲的一部分”（1951：254）。然而，在一个经济快速增长的时期，“可能和不可能的界限是未知的，……因此，人的欲望也变得不受限制了”。（1951：253）在本文的研究中，鼓励儿童消费的商业氛围也使受访的北京学生形成了自身的消费欲望，他们渴望得到物质上的愉悦和同辈人的接纳。但在现实生活中，他们面对的却是同辈的竞争和父母的压力，这使他们感到紧张和焦虑。可以预见的是，一直到这些孩子长大成人，他们身上的消费压力只会越来越大，因为商业势力正在不停地刺激中国人日益放大的胃口。

在本文的最后，我还想讨论一下中国儿童的身体健康问题——这也是乔治娅·古尔丹在本书第一章的主题——但我的切入点是小孩吃零食的行为。漠视这一行为可能会使这一代的中国儿童陷入危机，在英国殖民制度下长大的香港儿童就是一个很好的例子。1996 年的一份报告指出，香港儿童体内的胆固醇含量位列世界第二，仅次于芬兰（Mathewson 1996）。这一发现并不出人意外。正如另一项对 2760 个香港学生的问卷调查表明，这些孩子最喜欢的食物包括薯片、糖果、冰淇淋、炸薯条以及其它油炸食品（Xinhua, 1997. 02.19）。

对中国大陆的研究也发现儿童肥胖率日渐成为一个社会问题。一项由卫生部和其它政府机构资助的调查报告显示，1995 年中国城市中男孩肥胖率已经高达 12.03%（Ye and Feng 1996）。美国的营养学家提醒我们，在处理肥胖问题时要特别注意吃零食的行为（Kennedy and Goldberg 1995：122）。鉴于超重的儿童在成年后更容易患上心脏病、糖尿病等疾病（Turner 1996; Kennedy and Goldberg 1995：122），学者们有必要对零食消费的影响做更进一步的研究。

除了食品公司的市场营销策略会对儿童群体造成影响以外，我们也要看到中国当前的学校教育缺乏营养课程——这一漏洞导致零食正在严重威胁着中国儿童的健康。我在北京访谈一些社区商店的店主时发现，他们都很一致地持有一个观点，即认为零食是对孩子无害的。受访的学生和家长也说他们从未在学校里受过营养方面的培训，甚至还有两位作小学老师的家长向我们咨询儿童营养学方面的信息。[①] 肥胖率的上升和其它有关儿童健康的问题都在提醒我们应该关注那些隐藏在孩子饮食习惯背后的社会动机。

（李胜 译）

① 乔治娅·古尔丹对四川省的研究发现，九十年代的中国农村和城市还很缺乏现代的营养学知识（Guldan et al. 1995：64）。1997 年 3 月 28 日，她在香港告诉我，这种营养学知识的不足可能是由卫生部在政府补贴名单上的排名较低所致。

第3章

西安的儿童食品和伊斯兰教饮食规范

马丽思（Maris Boyd Gillette）

1995年暖春的一个下午，我像往常一样骑着自行车去爱凤家。我在西安做了18个月的田野调查，每星期都要去几趟爱凤家。[①] 这天，爱凤正打算去一个集市，看到我来了，就叫我一起去。因为有我这个帮手，她能买更多的家庭用品。我曾经多次和爱凤一起逛商场，但通常只在她居住的穆斯林社区内。爱凤家后门就有一条小巷子，每天都有十几个农民从郊区来到这里卖水果和蔬菜。但是这次我们骑了十多分钟的车出了穆斯林社区，到了西安东城墙外的一个繁忙集市。

这个集市面积很大，由混凝土铺设而成，四周都是小商店。数百个小贩在室内室外摆放着各式食物、肥皂、纸制品、以及其他一些工业产品。爱凤明显已经来过这里很多次了，她知道厕纸和洗衣粉在哪里可以买到。我帮她把这些家庭用品都搬到自行车上，然后再一起去卖食物的摊贩那边。

---

① 在和受访人商讨以后，我决定在本文中用除掉姓氏以后的受访人本名。陕西省是中国西北五省之一，西安为其省会，大约有200万人口。

虽然可以选购的食物品种很多，爱凤只买了两样。她仔细地挑选方便面，最后挑了一款印有“清真”字样的。“清真”这个词在中国有许多意思，但最通常的解释是满足伊斯兰教饮食纯洁性标准的食物。[①]像绝大多数穆斯林社区的居民一样，爱凤只吃清真的食物。另外，爱凤也给她一岁半的孙女买了一些零食（她孙女、儿子和媳妇就住在她家楼上）。市场有卖各种各样的零食，包括蜜饯、爆米花、巧克力、薯片、饼干和硬糖等，爱凤混搭在一起买了两大包。回到家以后，她马上就给了孙女一些，然后又给恰巧路过的侄女一些。

很久以后我才意识到这次购物经历的意义。刚开始我只是注意爱凤买了什么东西，直到后来我意识到这些东西之间的差异：爱凤自己买的方便面是“清真”的，但给孙女买的零食并不是“清真”的。差异也表现在行为上：爱凤在挑选方便面的时候花了许多时间去找清真方便面，但她在给孙女买零食时却基本不关心这些零食的标签。根据我在穆斯林社区里的所见所闻，爱凤的做法实际上已经违反了本地伊斯兰教饮食规范的标准，因为她给她孙女买的食品并非清真。

但这一行为和我所了解的爱凤和她的家人并不一致。爱凤及其家人在西安穆斯林社区的大麦市街上开了一家小餐厅，专卖清真包子。她非常清楚什么食物是清真的，什么食物不是，

---

① 其他一些关于清真的解释包括诚实经商、信仰伊斯兰教、遵守穆斯林的生活戒律。

自己也非常遵守伊斯兰教的饮食禁令。事实上，她是一名虔诚的穆斯林，除了只吃清真食品以外还遵守其他各种宗教规范。虽然她的生意和家庭责任使她无法进行《可兰经》上规定的每天五次的礼拜仪式，但她还是定期向清真寺奉献现金、食物和其他商品，遵从穆斯林妇女的衣着规范，在斋月时斋戒，以及有空的时候到清真寺去做礼拜。如果她确实是一名虔诚的穆斯林，为什么她又会给她的孙女买非清真的零食呢？

中国的儿童食品

正如景军在引言中所描述的，中华人民共和国的饮食习惯在邓小平的经济改革后发生了很大的变化。改革的一项重要成果就是市场上出现了越来越多的新食品种类，包括上文提到的大众化生产的零食。这些食品对中国公民（尤其是孩子）的营养摄入产生了极大的影响。与此同时，这些新食品种类的消费也影响到了家庭关系的特点和质量，比如代际之间的权力关系平衡（参见本书伯娜丁·徐的第二章和郭于华的第四章）。

这些现象也波及到了西安的穆斯林社区。1997 年 6 月，我让 11 岁的小鹏（他也是这个社区的居民）记录自己每周七天的食谱（参见目录）。根据他的记录，我发现他每天都和爱凤的孙女一样吃零食。小鹏已经上高中的哥哥是他家里另一个曾经吃过零食的人，但他和父母都认为小鹏的零食消费量远远超过了自己。这种情况在 1994 年至 1995 年的西安穆斯林社区其他孩子身上也普遍存在。

小鹏之所以能吃那么多的零食是因为他的父母每天给他三块零花钱。但他的父母刚开始还没意识到自己给了孩子那么多钱。小鹏的父母和哥哥向我担保说，小鹏是他们家里第一个收到零花钱的人。同样的情况也出现在穆斯林社区的其他家庭中。

本文所描述的零食消费和本书其他章节相比有其特殊之处，因为它涉及到宗教和民族问题。在西安的穆斯林社区，零食消费标志着地方性伊斯兰教规范和民族性实践的意识形态与具体行为的变迁。它对中国穆斯林饮食习惯造成的影响触及了这个群体集体身份认同的变革。

中国穆斯林

西安的穆斯林社区有 3 万多人口，其中大部分是回族。中国的少数民族占总人口的 8.04%，而回族是其中第三大的少数民族群体，也是 11 个信仰伊斯兰教民族中人口最多的（Gladney 1991：26-27）。

最近几年，不论在中国国内还是国外，越来越多的学者开始关注中国的少数民族问题。许多美国社会科学家关注中国政府的民族划分和族群内部联盟之间的关系（Gladney 1998, 1991, 1990；Lipman 1997；Harrell, ed., 1995；Harrell 1990；

McKhann 1995）。按照中国政府的说法，中国的民族划分依据是斯大林的“民族理论”。在斯大林看来，一个“民族”应当具备共同地域、共同语言、共同经济生活和共同的文化心理素质（Jin 1984；Gladney 1998）。但是像回族这样分布广泛、内部语言和职业都有较大差异的群体却难以满足斯大林的民族定义标准。实际上，回族之所以成为一个“民族”，主要是因为他们在历史上已经形成的穆斯林文化传统和伊斯兰教信仰（Lipman 1997, 1987；Gladney 1991）。

伊斯兰教的饮食规范，即必须吃清真食品，是回族集体身份认同的重要组成部分。清真食物最广为人知的特点就是禁止猪肉。这一食物选择的差异是根本性的：我遇到的中国人，不分年龄、阶级和民族，当他们听说我在研究回族时，都指出这个民族的特点就是不吃猪肉。

相当多的学术著作已经讨论了猪肉禁忌和清真食物在保持回汉民族边界上的重要性。有关这一区隔最基础性的研究是白蓓莉（Barbara Pillsbury）基于其对台湾地区回族的民族志研究而发表的文章《猪与政策》（1975）。而有关中国大陆清真问题最重要的研究来自杜磊（Dru Gladney）的《中国穆斯林》（1991）。他通过对四个穆斯林社区中“清真”观念的研究，揭示了“清真”在回族集体身份认同当中的核心地位，以及在此基础上官方政策如何形塑一个名为“回族”的族群。

清真

虽然杜磊的研究显示清真的观念并不仅仅局限于食物选择，但是当我询问西安穆斯林社区的居民有关“清真”的含义时，大部分的受访者回答还是集中在食物方面。许多回民认为清真食物最重要的特征是“特别干净”，或者“干净卫生”。食物的干净可以分为几个层次，但最基本的仍是其物质构造本身。纪纾（音译）是一间本地清真寺的阿訇，他认为清真的意思就是“回民必须吃干净的东西”。他指出《可兰经》禁止的食物包括猪肉、酒精、血，以及没有按照伊斯兰教礼仪宰杀的动物肉制品都是“肮脏”的，回民都不可以吃。

穆斯林社区的居民尤其强调猪肉是肮脏的。他们坚信猪是一种携带疾病的动物，它们生活习惯邋遢，生活在肮脏的环境中，并且以吃垃圾为生。纪清是一间本地清真寺的门卫，他用猪肉极快的腐烂速度来论证猪的肮脏。按他的说法，如果有人把一块猪肉和一块羊肉放在一起对比，一个星期以后猪肉会生虫，变得非常恶心；但羊肉看上去还是很“好”，干燥并且可以食用。我在穆斯林社区的一家清真商店里也看到一本出售的小册子，那个上面也用类似的方式来论证猪肉的肮脏（Ma Tianfang 1971）。

西安的回民尤其注意让自己的食物、炊具和房子统统远离猪肉。很多回民告诉我，他们绝不会吃任何接触过猪肉或者碰过猪油的东西。老陈是一家清真寺所有的公共浴室的伙计，她告诉我回民是多么害怕猪肉制品会污染他们的食物。他们甚至不敢用盛过猪肉的炊具和餐具。也是因为这个原因，她对我说："你们的食物我们一口都不想吃，你们的茶我们也一口都不想喝"。

正如老陈所说的，回民对猪肉制品、乃至任何与猪肉有过接触的器皿的恐惧，导致他们回避任何非穆斯林制作的食品。也是基于这个原因，回民很少光顾非回民开的餐馆和食品商店，也不愿意到非回民家里做客吃饭。猪肉禁忌因此对汉族商人的食品业造成了负面的影响。但更重要的是，它还影响到了回民和汉人之间的社会交往。如果有回民到汉民家里拜访，他们不会在主人家里吃任何的食物。这一拒绝的行为自然是与汉人文化中的待客之道格格不入的：回民在汉人家里连一杯热茶都不敢喝。他们会担心汉人家的杯子里还有猪肉的残余，而这些残余并不是简单的清洗可以去除的。①

除了食物本身以外，食物制作的手法也决定着哪些食物可以被视为清真，而哪些则不是。严女士在自家的餐馆里工作，她强调回民非常重视清真食物的制作方法。她指出，回民会用不同的水盆洗手、清洗蔬菜和盘子，也会把不同的食物分开来放。其他的回民，不论男女，在解释"清真"时都会提到回民

---

① 尽管回民通常会拒绝汉人的款待，汉人却可以接受回民的食品和饮料。白蓓莉（Pillsbury 1975）的台湾回民研究曾经讨论过这个问题。

经常清洗，并且在烧饭的时候会格外留神。有一位男士注意到“清”这个字本身包含了“水”的含义，由此可见回民的生活是“以水为主”的。

在很大程度上，清真被等同于穆斯林。有一位女士告诉我，做清真食物必须要“洗过大净”，意思是说必须按照伊斯兰教的程序把自己清洁一遍。纪清向我解释说，每家清真商店都会在他们的招牌上挂上清真的符号，以表明他们的厨师是位“穆民”。这意味着制作清真食物的人必须是穆斯林。而在西安，穆斯林即意味着是回民——在地方用语中，“穆斯林”和“回民”这两个词是可以换用的。换句话说，在中国的语境当中，“清真”成为了穆斯林的本质属性。这一点对于身份认同的地方性观念尤其重要，就像严女士所说的，“清真就是指回民”。

非清真食品和西式食品

对比爱凤孙女和小鹏吃的零食，两者还是有风味和原料上的差别，但又都是最近十几年才出现在西安市场上的产品。这其中，汽水却是一个例外。铭信是一名肉铺老板，他记得七十年代末市场上就有中国自己生产的汽水了。那时候买一瓶汽水大约要1角1分钱，这个价格不是普通人所能承受的，只有干部子女和重要人物才喝得起。尽管汽水在市场上出现已经有一段时间，铭信还是把它和巧克力、饼干、硬糖等一起归类为由“外国”工厂生产的，或由“外国”机器制造的“外国”食品。他指出，虽然不少中国工厂也生产类似的食品，它们也都是“向西方国家学来的”。像铭信这样认为市场上的新食品种类都是“西方国家”（主要是欧洲和美国）产品的人还有很多，尽管事实上很多产品都是在亚洲生产的。这种看法在西安穆斯林社区里也相当普遍，袋装零食尤其被认为是“西式”食品。

但事实上，西安市场上真正从西方国家进口的食品数量非常有限，而且它们昂贵的价格通常不是一般回民所能承受的。大部分本地人吃的零食都是中国制造的。在西安能找到的许多外国品牌的食品也是由中国工厂生产的，这些工厂中有一部分就在陕西省内。到1997年，像可口可乐这样出名的“西方”产品也由陕西本地的生产线生产了。

西安穆斯林社区的居民通常根据他们从媒体或者大型商场、超市那里获得的信息来判断哪些商品是“西式”的。比如当他们在媒体上看到美国人、加拿大人或者欧洲人消费某样食品的场景，他们就会认为这样食品是西式的。中国从美国进口的电视节目和中国自己制作的关于西方的电视节目，让许多本地人了解到了西方食品和西方人的饮食习惯。除此之外，电影、新闻节目、报纸都影响到我的受访人对西方国家的想象。

西安的中国穆斯林也从百货商场和超市里了解到更多关于西方食品的情况。当我1994年1月访问西安的时候，超市对本地人而言还是一个新生事物。一家名叫海星海外公司的香港企业刚刚在西安市中心附近开了两家超市。当我1995年8月离开的时候，西安市内至少又开了两家超市。其中有一家超市距离穆斯林社区非常近，吸引了很多居民前去一探究竟。就我所知，这家超市，以及穆斯林社区附近主要街道上的百货商场、便利店都在销售各式各样的袋装零食。

从 1994 年到 1997 年，上述商店里销售的饮料包括可口可乐、雪碧、果珍、雀巢牛奶和雀巢即食咖啡；销售的食品有 Snickers 巧克力棒、M&M's 巧克力豆、McVitie 消化饼干、Keebler 饼干，还有一些我从未见过的品牌。这些食品很多最初是由欧美公司开发研制的，后来不少日本和香港公司也生产出仿制品。在西安，来自香港的康元饼干和嘉顿饼干尤其受欢迎。中国大陆公司生产的西式碳酸饮料、饼干、薯片、雪糕和糖果在西安市场上也是随处可见。

媒体的影响力总是双重的，它们一方面帮助推销，一方面也塑造了人们对西式食品及其原料的刻板印象。比如奶油和牛奶就被认为是典型的西式食品。即使是本地产的零食，只要里面含有奶制品，就会被认为很洋气、很奢侈。对于 30 岁以上的回民来说，消费奶制品是高品质生活的象征。铭信还记得他小的时候很渴望喝牛奶，但是那时候市场上很少有牛奶卖；即使有，他的家人也买不起。铭信认为过去市场上少有牛奶是因为这个产业不发达；但是 1978 年改革以后，中国的奶牛都“科学现代化”了，奶制品大量生产使得他也能够消费得起了。

回民们认为许多西安企业销售的新鲜面包和蛋糕也是西式食品。不像那些有保质期的袋装食品，本地面包房的面包和蛋糕都是每日现做现卖的。但是穆斯林们还是拒绝消费这些食品，他们只吃本地回民制作的“西式”食品。没有一个我认识的回民吃过肯德基和类似中国快餐店里卖的汉堡、热狗、批萨、炸鸡，以及穆斯林社区以外面包房卖的面包和蛋糕。此外，他们也不喝碳酸饮料。按他们自己的说法，因为这些本地生产的西式食品都不是回民制作的清真食品，所以他们都不吃。

正如上文所显示的，很多“西式”食品都不是回民们想要消费的食品类型。穆斯林社区的居民只吃穆斯林们自己制作的食品。不论算不算“西式”食品，回民自己制作的食品就算是清真的。但令人费解的是，回民也吃工厂生产的食品，这些食品理论上来说并不是由回民自己制作的。我认为有三个因素让回民们觉得这些食品可以接受：第一，它们不是猪肉做的；第二，它们被认为是西式食品；第三，它们是由流水线机器而非手工生产出来的。

爱凤和我一起购物的经历展示了前两项因素的重要性。那次陪爱凤逛集市，等她买完以后，我自己也想买点东西。我跟爱凤的喜好很不同，吸引我都是让我感觉新奇的中国传统食品，比如绿豆糕和花生酥。正当我在挑选的时候，爱凤走过来看看我要买什么。一看到绿豆糕，她就摇头说：“我们不吃这些东西，它们不是清真的。”

爱凤明显没有把大众化生产的绿豆糕和她买给孙女的袋装零食归为一类。是什么让她对绿豆糕和方便面的清真问题如此敏感？答案是它们两者具有相似性。绿豆糕和方便面都是工业流水线的产品，而且它们明显都是中国食品。这些食品全国都有生产和销售，回民也知道如何制作。但是爱凤知道非穆斯林在制作绿豆糕或者方便面时会加入猪油，而回民用的是植物油。爱凤自己的经验告诉她只能食用回民自己生产的中国传统食品。就算是工厂里生产的这类“传统”食品也是和猪肉有关的，除非产品本身标明是清真食品。爱凤和她的邻居拥有他们自己的饮食观念系统，食品在这个系统下被划分为“可以吃的回民食品”和“不可以吃的汉人食品”两类，但西式食品却不在这个系统范畴内。

年轻的消费者

穆斯林社区的许多居民都会购买工业化生产的西式食品，尽管大多数的情况下都是成人购买给小孩吃。总的来说，成年的回民很少喝碳酸饮料、咖啡和果汁。这些饮料尤其对 30 岁以上的回民没有吸引力。一般来说，它们主要是拿来招待客人的。比如汽水已经成为饭店宴会上不可或缺的饮品，它也会出现在回民的割礼、订婚礼和婚礼等的宴会场合。大麦街反酒精协会是穆斯林社区里的一个草根组织，致力于劝阻居民在社区内饮酒。这个组织在搞公开活动的时候就给参加者提供汽水饮品作为酒精的替代品。我认识的许多回民也在自家的冰箱里存了一些汽水和果汁饮料，尤其是西安夏季气温上升到 38 摄氏度以上时，以备有客人来访的需要。

但成年回民有时还是会吃像糖果这类的大众化西式食品。和汽水一样，糖果也主要是提供给客人吃的。回民们把袋装糖果收在零食罐里，等到有重要的人生仪式或者有重要的客人来访时才拿出来。糖果也是聘礼和回礼的组成部分。当一家的孩子订婚或者结婚了，这个家庭就要参与到一连串的礼物交换活动中去（阎云翔也有类似的描述，见 Yan 1996：176-209）。在穆斯林社区里，礼物交换的媒介也包含了食品。比如在结婚流程中，新娘家就要送给新郎家干果、红枣和其他一些糕点。这些糕点不仅包括了各式各样的传统点心，袋装硬糖也在礼物交换名单之列。

尽管经常拿这些“西式”食品来送礼和待客，大多数成年回民觉得这些食品并不好吃。他们经常说自己不习惯糖果、汽水和其他西式食品的味道，并且认为这些食品都太甜了，而且吃不饱。他们用这些食品来送礼和待客不是因为它们味道好，而是因为它们新奇、昂贵，并且与西方有关。

与此相反，回族儿童吃大量的西式食品。他们的父母和祖父母定期给他们买袋装零食当点心吃。我认识的许多家庭家中都长期备有这类零食。爱凤经常在她孙女哭闹的时候，或者玩一些爱凤不想让她玩的东西的时候，用各种零食来吸引她的注意力。小鹏的父亲给他的儿子买了几箱汽水，他说那是为了鼓励孩子在学校好好学习。

但大部分的孩子能吃到零食是因为他们的父母给了他们零

花钱。我经常看到有孩子跑到父母那里要几毛钱。这些父母通常会给一些钱打发他们。孩子们基本上都把这些钱花在了家或者学校附近的私人商店里。学龄儿童之间经常会攀比谁吃了什么零食，哪种零食里还附赠玩具，哪种零食比较好吃。因为他们经常在学校里或学校周边吃零食，学校校园成了他们交流零食信息的重要场所。

有一些中国穆斯林质疑消费西式食品的风气。阿訇纪纾就拒绝喝碳酸饮料以及吃任何和西方有关的食品，因为他认为这些食品都不是清真的。尽管他没有指责其他人吃这些东西，但他还是希望别人能够跟他一样这么做。也是考虑到这一点，大部分回民会尽量避免送这类西式食品给阿訇和其他一些特别虔诚的穆斯林。比如在婚礼、葬礼、订婚等场合，我发现主办方只给普通客人而不给阿訇和其他一些“宗教人士”提供西式饮料。清真寺主办的宴会（比如每年夏季纪念十九世纪晚期清朝陕西回民大屠杀受难者的仪式和每年冬季先知生日的纪念活动）上也没有任何与西方有关的食品：没有工厂生产的零食、罐装或瓶装饮料、或者本地回民制作的面包和蛋糕。[①]

① 每年的回民起义纪念活动都在农历 5 月 17 日于穆斯林社区内举行。更多关于这个十九世纪末大屠杀的信息参见 Gillette（n.d.）和马长寿（Ma Changshou 1993）。先知的生日是伊斯兰历每年 3 月 12 日。但在西安，庆典活动总是在 1 月份举行。

“中立的”食物

对于大部分中国穆斯林来说，大众化生产的西式食品既非清真亦非禁忌。相反，它们属于一个特定的类别。这类西式食品的中立属性源自其原料和生产过程中都没有与猪肉或猪油发生联系。比如有一次，我问小鹏的父亲回民是否可以吃巧克力，他用疑惑地眼神看着我，说：“当然可以，那里面又没啥东西。”“没啥”的意思是没有猪肉；回民认为不论是巧克力还是其他西式食品都不是猪肉或者猪油做的。

另一次我和爱凤的女儿小雪聊天。她大约二十多岁，是一家卖西式食品的百货商店的职员。小雪的单位曾经安排她和汉族同事们一起去北京旅游，但她却抱怨说在旅行过程中花了太多时间找她可以吃的食物。当她的汉族同事在非清真的餐馆里吃饭时，为了避免冒犯清真戒律，她只能坐在外面等，并且常常等到饥肠辘辘。听了她的抱怨，我就问她她能不能在像肯德基这类的西式餐馆用餐：清真食物的禁忌是否也适用于这类餐馆？小雪回答说她不能在这类快餐店里吃饭，甚至都不能进，因为它们不是清真的。然后我又问她能不能吃街上卖的雪糕，尤其当她口渴的时候？她回答说：“有些食物说不清，只要里面没有猪油，我可以吃雪糕、喝饮料，甚至吃袋装饼干。”

出于对西式食品的中立属性的好奇，我拜访了退休后居住在穆斯林社区里的回族史教授曾烈。他认为回民们现在进入到了一个新的历史时期，在这个时期他们开始吃一些过去尽量避免的食品。曾烈说，过去回民绝对不喝非回民家井里的水；但是现在大家都在喝政府安装的自来水管里的水。除此之外，曾烈也提到，甜食和非酒精饮料在过去也是被禁止的，因为它们都是手工做的；但是现在都是机械化生产，所以回民也可以吃了。

食品工业和食品生产

就上文所见，工业化生产显然为回民提供了更多种类的食品。这些食品和西安市内绝大部分在销售的食品不同：在九十年代中期，这个城市里大部分食品都是手工制作的。“手工制作”在中国语境当中的意义与美国社会非常不同，它并不仅仅指代生产工序某种程度的个体化，而是指在任何一个生产环节都没有使用食品加工器械和工具，是真正的纯手工生产流程。

在回民的观念中，清真是非常重要的。回民认为汉人不干净，不仅是因为后者吃猪肉，也因为他们本身不够清洁。有的回民告诉我，汉人上完厕所之后都不洗手；即使他们洗手，他们用的水在回民看来也是污浊的。考虑到本地食品主要是用手工生产的，生产环节的卫生状况在回民看来是非常重要的。

面条是西安大街上最受欢迎的食品之一，不论在穆斯林社区还是非穆斯林社区都是如此。从高级餐馆到路边摊，这种食品随处可见。大部分餐馆和路边摊的面条都是即点即做的；我认识的城里人都会尽量避免吃那些提前做好的面条。在穆斯林社区，面条也是在客人点了以后才做的。制作的过程包含了拉、滚、切等程序，做成各种形状和大小的面条，每个环节都是手工完成的。

做面条首先要有面团。厨师把面粉和水都倒入一个大脸盆里，然后用筷子搅拌。当面团变粗以后，厨师就要用手搅面了。等到面粉和水的比例调和了，厨师就把面团从脸盆中拿出，然后用手使劲揉捏。这个过程一般要 10 到 20 分钟。接下来，如果厨师要做的是刀削面，他就会用擀面杖先把面团擀平，然后用手把面团拉长。当面团达到预想的厚度后，厨师就用小刀削面团，直到够一碗面的分量。接下来就把面团放到一边，下次再做程序还是一样。

面条切好以后就可以煮了。厨师会用手把面条扔进盛满沸水的锅。几分钟以后，厨师会用筷子把面条捞出来，放进碗里，然后按照顾客的口味来调味。如果顾客想要加点肉，厨师就会用手放几片煮熟的肉片到顾客的碗里，然后再用手加点粉丝、香菜和洋葱。最后厨师还会用勺子舀肉汤放进碗里，然后送给顾客品尝。

西安餐馆老板直接用手制作的食品不仅仅是面条，而且面条只不过是其中用手频率不算最多的一种食品。包子、饺子、饦饦馍和其他很多西安大街上卖的食品都是用手加工而成的。

在穆斯林社区，数百家路边摊中只有两三家有制作食品的机器，大部分的商家还是依靠人力来进行食品生产。

这样来看，差异就出来了：回民生产的食品主要是手工现场制作的，顾客可以在一边看着；袋装食品则是由机器生产的，顾客无法看到它们的整个生产流程。大众化生产出来的食品，其生产地和消费地之间的距离、生产流程的不可见、机械化生产工序都使回民们倾向于认为这些食品具有中立的属性。

工业化的生产流程同样也使其产品的外表看上去和手工生产的食品非常不同（Hendry 1993 曾经讨论过在日本社会里包装材料带来的巨大变革）。大众化生产的食品通常会用塑料、玻璃或者铝制品来密封，而这些昂贵的包装材料无法在穆斯林社区当中生产。本地的食品包装相比而言是相当随意的，手工制作的食品只是用纸包住，然后再用线系住，或者就是放进小塑料袋里。有时顾客还会自带盘子或碗来盛食物。当然，在西安，大部分顾客仍是在店里就把东西吃了，而不是带回家再吃。

原料和食品种类同样也使当地人对这些出自工厂的西式食品感到陌生。由于生产流程的标准化，这些食品通常是一个颜色、一种形状的。许多食品经过染色、烘干和上胶，通常比较松脆。与此相反，手工制作的回民食品则经常形状不规整、大小有别。因为没有加入人造色素，这些食品通常也更柔软。

消费现代性

大众化生产的西式食品对回民而言是很奇特的：用密闭容器包装，由不熟悉也看不见的机器生产出来，其所用的原料也是地方饮食习惯中不太常用的。与同样是大众化生产出来的绿豆糕相比，它们在外形和构造上看起来都不像是“中国的”，而是外国的。它们的“西式”特性也是回民们购买消费它们的一个重要原因。在许多中国穆斯林的眼中，西方代表着富裕、先进科技、科学和现代化。通过吃西式食品，回民们将自身与进步、科学知识和繁荣联系在了一起。

改革开放以来，西方形象的传播使得许多西安回民把西方想象成为一个现代化的、先进的、自由的、富裕的实体。购买和消费西式食品让回民们感到自己也具备了一些上述特点。本地居民用西式食品来彰显自身的包容性和对西方事物的了解。尽管大部分的成年回民都不喜欢冰淇淋、汽水、巧克力和薯条的味道，他们通过这些食品来想象自己，同时也希望被别人认为是一个现代的、进步的、对中国以外的世界有所了解的人。他们通过购买这些西式食品，然后当作礼物送人，或留在自己家中喂孩子和招待尊贵的客人，来塑造自身的形象。在穆斯林社区中，只有两家回民面包房在制作西式食品，他们生产的面包和蛋糕数量十分有限，也很容易坏。所以那些想表现自身现代和富裕形象的回民只能购买工厂生产的西式食品，尽管它们很多并不符合清真的标准。

工厂生产的西式食品通过其与工业化的紧密联系，最终和科学与现代化关联起来。科学的事物在穆斯林社区里总是有很大的权威。许多回民认为《可兰经》就是“非常科学”的，以此来维护他们伊斯兰教信仰的合法性和伊斯兰教育的“科学性”（他们举证说，伊斯兰教育现在开始用录音磁带取代死记硬背来进行语言学习）。他们同样也把科学和发展、环境改善以及优质的生活条件联系起来。有一位回民就告诉我，因为西式食品是由“高科技生产”出来的，这一点非常吸引他们。

西式食品的现代性和科学性对于儿童而言更为重要。成年回民希望他们的子女有比自己更多的社会阅历，能够在现代社会的竞争中取胜，获得更高的社会地位。父母们的这种期望特别表现在子女教育方面。他们给子女施加压力，付更多的钱让子女上更好的学校，让他们参加课外辅导班，以及聘请私人家教等等。另一种让孩子适应现代社会的途径就是让他们吃上工业化生产的西式食品。父母们希望自己的子女通过这些食品能够更多地了解外国的事物，让他们更好的适应工业化、高科技、世界公民式的社会生活。

法国社会学家布尔迪厄写到：“品味是分等级的，它使分类类别本身也等级化了。”（1984：6）西安的回民希望自己能够归属了现代的群体。他们追求世俗教育，热衷于住高层住宅，在宗教教育中使用现代化的工具（比如录音机和录像机），渴望乘飞机出国旅游和去麦加朝圣——这些都表明穆斯林社区的居民们认可现代化的进程，并希望参与其中（更多的讨论参见 Gillette 2000）。消费大众化生产的袋装西式食品也是他们追求现代性的一种方式。在本文的例子当中，西安回民并不像布迪厄说的那样服从其社会地位所具有的品味（Bourdieu 1984: 471；1990）。恰恰相反，他们通过消费西式食品来追求他们渴望具有的现代化、先进的、世界主义的品味。

政府和大众化生产

消费大众化生产食品也是目前陕西省政府和回民群体关系重构过程的一部分。这里所指的回民群体既包括了西安穆斯林社区里的回民，也包括西安市其他地区乃至陕西省其他地方的回民。1996 年的夏天，一位陕西省政府高层领导告诉我，省民族事务委员会和宗教事务局正在讨论出台一项核准清真食品工厂的新政策。这一政策制订的四项审核清真食品标准是：清真食品公司的"厨师"必须是回民（但他没有详细说明，在生产过程中哪些工人可以被视为"厨师"）；生产原料绝不能有猪肉制品和猪油；工厂领导必须是回民；至少 25% 的工厂工人必须是回民。最后这条标准后来改了，工厂工人必须是回民的比例上升到了 45%。这位陕西省领导坦言，如果这项政策出台了，它的覆盖范围包括了许多和伊斯兰国家做生意的企业。因为担心这项政策的标准可能会引起中国以外穆斯林群体的不满，省政府决定提高清真工厂当中的回民工人比例。到1997年6月为止，这项政策已经通过了各部门政府机构的审批，但落实政策的行动却迟迟没有启动。

省政府希望出台核准清真工厂政策的目的是希望用更世俗化的方式来界定“清真”。在此之前，西安市宗教与民族事务局也曾制订相关标准来认定手工制作的回民食品（Gillette 1997：108-37）。尽管穆斯林社区的居民是从宗教的角度来界定清真的含义，政府却试图用民族的标准来重新定义清真。在西安市政府和陕西省政府的眼中，回民身份决定了哪些食品以及哪些食品的生产者应该被界定为清真。

陕西省政府的政策促使我对清真的含义做更深入的思考：爱风买的清真方便面所寓意的“清真”真的符合本地穆斯林的清真标准吗？或者它其实更符合由政府提倡的更世俗化的清真标准？很显然，本地穆斯林的清真标准和政府倡议的清真标准之间有着相当大的分歧。允许工厂用清真的名义来推销自己的产品，政府实际上增加了回民评估和使用大众化生产的食品的难度：由回民生产的食品，和由大部分非穆斯林工人的工厂生产的食品，究竟哪个符合伊斯兰教意义上的洁净？政府的行为更引出下面这个疑问：在什么情况下，机器生产可以被视为清真？

回汉同席

大众化生产的西式食品的出现（尤其是儿童食品的消费）正在改变西安穆斯林社区里的清真标准。尽管如此，回民对待西式食品态度的说明，“清真”仍然是通过与汉人习俗的对立来界定的，但它并不反西方或者西方所代表的科学与现代化。

这一现象再度确认了布迪厄关于社会身份的见解：“差异来源于对最相近者、也是最大的威胁者的反抗。”（Bourdieu 1984：479）对于西安的回民来说，他们的邻居（也就是汉人）所吃的是非常典型的被污染的食物。但他们并不认为工厂生产的西式食品是被污染的，即使它们是由汉人操作的机器生产的。回民的态度部分地说明了他们和所有其他中国人一样渴望现代化。消费大众化生产的西式食品就是塑造自我的进步科学形象的一种方式。大部分的中国穆斯林都将现代化目标的位置提升到一个高度，乃至超过了他们对清真传统的坚持。为达到现代化的目的，清真的含义被重新阐释了：它不再从穆斯林自身出发来界定，转而以非汉人作为新的标准。

清真含义的重新阐释算起来不过是最近几年的事。在穆斯林社区几千年的历史中，当地居民与西方的联系都极为有限。但是从 1980 年代开始，他们通过媒体了解西方，并与来访西安的外国游客接触的机会越来越多。与此同时，西式产品也大量地出现在中国市场上。西安回民将这些产品和媒体当中表述的好生活的品质，以及外国游客的生活方式联系在了一起。通过消费这些他们认为的“西式”食品，回民们体验着富裕和现代化的感受。尽管西式食品和汉人食品都是机械化生产出来的，回民们有意识的将两者区分开来。

对西式食品的消费使回民们和美国、欧洲、日本等其他国家的消费者联系在了一起。正如杰克·古迪所说的：“伊灵（苏格拉东部城市）的加工食品和爱丁堡的差不多是一样的。”（Goody 1982：189）然而，消费同类食品并不一定导致文化的同质性（James Watson, ed., 1997）。虽然回民看待糖果和薯片的态度可能和美国人很相似（比如他们都认为这些是儿童食品），但在许多其他方面又是相当不同的。比如回民会用糖果和面包作为订婚时新郎家送给新娘家的礼物，这种情况在美国主流社会是看不到的。但更重要的是，我们在中国以外的地方找不到西式食品在穆斯林社区中承载的那种意义。其中一项差别就在于这些食品被认为不适合作为正餐（尽管许多美国人实际上就把面包这样的食品当作正餐来吃），而是小孩子吃的零食。另一项差别在于它们的特殊价值和品质。可口可乐在美国是常见的廉价饮料，但在西安却是人们在家中或者宴会场合招待贵客的名贵食品。

尽管回民在他们自己和汉人之间划了一条鲜明的界限，并且尽量避免所谓“中国传统”的食品（比如绿豆糕），消费西式食品的行为却使他们更多的和汉人打交道。汉人也在消费回民孩子在吃的零食、在喝的饮料。这一共同的食品消费行为为回汉同席饮食提供了契机。比如当回民到汉人家拜访时，如果汉人主人奉上的是一罐汽水而非一杯茶，回民是乐于接受的。如果食物是区分回汉两个民族最重要的因素，那么西式食品的消费某种程度上消除了两者之间的差异，尤其是在孩子之间。这将给我们提出新的问题：对于九十年代出生成长的孩子而言，回汉民族之间的边界又将会有怎样的调整？

附录：11岁回族孩子小鹏的食谱（1997年6月7日–14日）

在我的请求之下，小鹏开始记录他一周的食谱。我请他记录下每天吃东西的时间、食物的名字、食物来源和价格（如果他知道的话）。总的来说，这份食谱是完成了，尽管有的食品小鹏并没有注明价格或者来源。1997年的这个时候，1美元大约能够兑换8元人民币。

6月7日

早上9点	两个油煎饼，一个大米做的，一个小麦做的；都是从小鹏舅公女儿开的小吃摊上买的，5毛钱一个。喝了一瓶汽水，从他婶婶开的饭店里买的，1元一罐。
下午3点	一碗凉皮，在外公开的饭店里吃的，2块5毛钱一碗（但小鹏免费吃）。
晚上7点	从家附近街上的饭店里买了炒蔬菜和米饭带回家吃，四口人总共花了34块。

6月8日

早上7点	在家吃了一包方便面，8毛钱一包。
中午	在外公开的饭店吃了一碗赤豆粥，没标价格。
晚上6点到6点半	在家吃了三块巧克力、几个花花蛋（用糖、橘皮和梅子做的）、一颗菠萝味的糖果和几片西瓜，从橱柜里拿的，不知道价格。
晚上7点	在家吃了妈妈煮的鸡蛋番茄面。

6月9日

早上7点	菜肉包，从一个小吃摊上买的，总共3块5毛钱。
早上8点	在学校门口的小卖部买了一瓶果汁5毛钱，一块泡泡糖3毛钱，总共8毛钱。
中午12点半	从家里的橱柜里拿了三块巧克力，六块糖果，没有记录价格。在街边的小卖部买了一支雪糕（牌子叫狮子王），1块钱。在外公家吃了姨妈烧的茄子和南瓜，没有标明价格。
下午5点	在学校门口的小卖部买了两瓶果汁，1块钱。买了两包无花果，4毛钱。一包粒粒星（一种糖果），5毛钱。一支雪糕（牌子叫白胖高），1块钱。
晚上7点	在家吃了妈妈烧的荷包蛋和米饭。

6月10日

早上8点	在学校门口的小卖部买了一瓶汽水，没有标明价格；一袋锅巴，1块钱。
中午12点半	在家吃了爸爸做的肉夹馍（中间夹的是牛肉）。又吃了三块巧克力和一些糖果。回学校路上在街上又买了一支雪糕（白胖高），1块钱。
下午5点	在街上买了一支雪糕，1块钱；另外又买了一支香蕉，没有标明价格。

晚上7点	在饭店吃了油焖茄子、西红柿炒蛋和馍，总共11块钱。
晚上8点半	吃了一包锅巴，1块3毛钱。

6月11日

早上7点	从婶婶的小吃摊上买了一碗胡辣汤和一块烤饼，3块钱。
中午12点半	爸爸烧了茄子和黄瓜。又吃了馍，5毛钱。一瓶汽水（牌子叫冰峰），1块钱。
下午5点	从小卖部买了一包带有玩具的爆米花，1块钱。
晚上7点	在饭店里吃了砂锅，5块钱。

6月12日

中午	在外公开的饭店里吃了一碗蒸面（凉皮的一种），2块5毛钱（但没付钱）。后来又吃了一个馍，5毛钱。
下午2点	在学校门口的小卖部买了一支雪糕（牌子是丈王神），1块钱。
下午4点	在学校门口的小卖部买了一支雪糕（牌子是冰王），1块5毛钱。
晚上7点	买了一根棒冰，1块钱。

6月13日

早上9点	买了一个油煎饼在家吃，5毛钱。
早上9点半	买了一支雪糕（白胖高），1块钱。
中午	在家吃了爸爸做的馍夹烤肉和蔬菜，喝了一碗粥。
下午	买了一瓶汽水，1块钱。

晚上7点半	吃了爸爸烧的黄瓜、南瓜和腌肉。
晚上8点	买了一瓶汽水，1块钱。

6月14日

早上11点	在街上买了一个油煎饼回家吃，5毛钱。吃了一些甜瓜。一瓶汽水1块钱。
下午1点	在外公开的饭店里吃了一碗蒸面，2块5毛钱（小鹏不用付钱）。吃了爸爸煮的一碗绿豆汤。买了一瓶汽水，3块5毛钱。
晚上6点	吃了一碗爸爸烧的鸡蛋番茄面，喝了一瓶汽水。

（钱霖亮　译）

第4章

食物和家庭关系：餐桌上的代沟

郭于华

饮食既是人类最基本的活动，又有着文化意义。它不仅满足我们身体的需要，而且与我们的一些观念，譬如自我、团体甚至民族，有着紧密的联系。正因为如此，才有论者指出："抵达某个文化核心的最好途径便是通过它的胃。"（Chang 1977：4）这在中国也是如此。食物的挑选以及如何烹制常常被视为一个人成熟度的标杆，同时也是一个重大的美学问题（Chen Shujun, ed.,1988；Wang Renxiang 1994）。毫无疑问，众多的社会变量，比如性别、种族、职业、社会地位以及教育程度，都会影响一个人关于饮食的观念（Anderson 1988；Lin Naisang 1989；Wang Mingde and Wang Zihui 1988）。在当今中国，我们还应该考查另一个变量：个体的年龄问题。在过去的二十年中，随着市场经济的转型，中国逐渐融入全球消费文化中去。在个体的消费领域内，新的饮食趋势正在改变1976后出生的一代年轻人的口味。他们对饮食的态度和童年的经历都与其父辈截然不同，这一差异也进一步扩大了两代人之间在社会价值观和个人愿景上的分裂。

本章旨在探究中国儿童的饮食观念，并与其父辈及（外）祖父辈进行比较。本文中的“饮食理念”是指影响人们饮食方式以及支撑其饮食习惯的理念。这意味着将饮食看作一种生理需求，同时也是一种文化表征。具体来说，某个特定的饮食观念，混合了种种风向潮流、信息和社会价值观，会极大地影响人们的饮食方式、健康和人际往来。

可是，为何我们需要以两代人之间的差异为棱镜，来透视饮食观念呢？这个问题我会在后面的讨论中解释。总的来说，哺育孩子牵扯到中国父辈和（外）祖父辈两代人的共同努力。（外）祖父辈一般年龄都在50岁或者以上（通常出生于1949年中华人民共和国成立之前），他们的饮食理念强调“饮食平衡”，这是一个源自中医的概念。尽管这些观念也被建国后出生的一代人所接受，但他们实际上更多地受到了由现代科学和西医主导的营养观念的影响。通过比较我们发现，当下学龄儿童们的饮食观念已由“实用需求”转化为“消费需求”（Hang Zhi 1991：140）。尤其是当涉及零食、软饮料和快餐食物时，中国的年轻人对于传统的平衡或者营养理论表现得漫不经心，他们更看重的是食品的社会作用和消费文化的符号（Huang Ping 1995；Yan 1995：47-63）。

这种代际之间的差异给我们思考文化传承的问题提供了许多思考空间。直到最近，家庭和学校仍是中国孩子接受教育的中心地。也是在这些地方，孩子们被教导食物的实践价值、社会价值和符号价值（参见 Croll 1983；Sidel 1972）。不过在中心城市和富庶的农村地区，原先的教育模式已悄然改变。这要感谢中国社会的商业化发展与家庭电视的普及。在经济改革的年代，尤其是八十年代中期城市改革启动以来，许多中国本土和外国企业都竭尽全力将新的饮食理念灌输给年轻人。电视就是宣传新食品的一件利器。商业广告可以利用某些卡通人物使孩子们相信某些食品既能吃得好，又能吃得舒心。大致来说，伴随着中国逐步融入全球经济体系，中国孩子的食品选择权已被社会中的商业化势力牢牢掌控。在详尽讨论以上趋势之前，我需要先对为本文提供论据的两个研究项目做一些介绍。

第一个项目是与国外学者一起合作完成的，研究组成员包括了哈佛大学的伯娜丁·徐（Bernadine Chee），一位北京师范大学的学者，三位北京大学的学生和我。我们在 1995 年夏天对 30 位年龄介于 8 至 11 岁的北京市学龄儿童，以及他们的老师和家长进行了调查访问。第二个同样基于学校和家庭的调查项目是由我独立完成的，时间在 1994 年，地点在江苏省某农村。本文之后的讨论以北京市的调查结果为主，辅以江苏省的研究结果加以比较。我们采访的北京市 30 位学龄儿童都来自两所小学，并让其中十人对他们每日的食谱进行记录。在江苏省，我采访了 20 位 11 岁的孩子，他们都在一所乡村学校上五年级。在每个项目中，我们都会去孩子的家中进行家访，以便观察和记录他们的饮食状况。

通过这些研究，我的核心结论是我们需要反省食物和童年之间的联系。长期以来，我们都认为中国孩子的食物观念，虽说还不太成熟，但不至于和他们的长辈相差太多（Stafford 1995）。在我们的观念中，中国的孩子一旦能够吃固体食物，长辈们就会在餐桌上教导他们如何辨认各式各样的食物，遵循适量饮食的原则，以及区分日常食物与节庆食物之间的差别。在传递这些讯息给孩子时，长辈们扮演着一个权威角色。因此孩子在长大成人后也意味着继承并拥有了与长辈们相同的饮食理念。以往大部分人类学的研究在讨论中国社会中童年与食物的关系时都有这样的预设（Diamond 1969：30-50；Fei 1939：119-28；Y. Lin 1947：55-96；M.Wolf 1972：53-79）。最近关于中国大陆、台湾和香港的研究也在反复强调这一论点（Croll 1983；Stafford 199；Tobin et al. 1989；Sidel 1972）。

然而，基于对北京和江苏两地的调查结果，我认为这种代际之间存在共同饮食观念的假设需要被修正。这并不是说这个假设有误，或者支撑它的经验材料不足，而是当前中国学龄儿童的情形正在发生改变。在阐述我的论点时，我会就每一代人对待食物的态度做逐一分析。与此同时，为了更清晰地论述，我将三代人的食物理念进行了分类，即“传统的”、“现代的”以及“消费型的”。在阐释这些类别时，我也将涉及到中医、营养科学和新时期经济改革方面的内容。

传统的饮食理念

传统的饮食理念主要和 1949 年前的一代人有关。这代人现在已成为了学龄儿童的祖父辈。在我们的访谈中，这些人反复叙说的饮食理念总是与营养平衡息息相关。这些理念之所以被视为典范，因为它们源于中国文化的阴阳说：两者相互混合并成为推动自然秩序的基本力量；其表现形式包括冷与热，夜与日，雄与雌，消极与积极，保护与侵犯等最原初的推力。阴和阳具备同等价值，以四季交迭更替的方式使整个世界运转，同时也将其影响加诸于人类。按照传统中医的说法，人体自身即包含了阴阳二元：阴储备生命所需之能量，阳则保护身体免受侵犯，二者须保持稳定均衡状态。

避免阴阳失衡的方法是保持一个平衡的饮食习惯：既有冷食又有热食，细粮粗粮均衡搭配，一日三餐需摄取各色不同的食物。中医持有这样的观点已有几个世纪的历史(Anderson1980：237-68；Huang Shau-yen 1994：435-77；Liy 1994：481-93)，也是我称之为“传统饮食理念”的基本原理。作为中国形而上学体系和医学传统的一个组成部分，在论及日常生活中的食物、医药，当孕妇或者身体虚弱的孩子需要进补时，阴阳学说对于饮食理念有着深刻的影响（ Wu Ruixian et al. 1990；Wang Lin, ed., 1993)。

在具体阐释平衡饮食的观念以前，我首先要解释一下食物的“热”、“冷”特性。简要地讲，肉类、蛋类和油脂类食品属热性；海鲜、蔬菜以及水果则属寒性。许多新型食物也能分为冷热两种。一些北京和江苏的家长认为巧克力就是一种新型的热性食物。他们认为巧克力这种食品不错，但它包含的热量太高了，还具有刺激性，孩子（尤其是男孩子）吃多了会流鼻血。所以在他们看来，孩子吃巧克力一定要适量。

传统饮食观念中另一个值得关注的观点认为，多样化的食谱和自然生长的食物很有价值。按照我们造访家庭中老一辈的观点，要抚养一个健康的孩子首先要让他们吃各种各样的食物。与此同时，老一辈人也批评了他们心目中那些“不健康的”食物，比如维他命片和药物补品等营养品。一位年长被访者在分辨“自然的”和“非自然的”食物时说：“我们很难知道营养品里到底有什么，可是自然的食物能看得一目了然，吃得放心。比如吃鱼和虾，一口一口地很好吃。无论鱼肝油和鱼脑加工物多么美味，我还是宁可多吃几条鱼。”我们发现，在北京和江苏农村地区很多上了年纪的人都持有这种看法。他们对于那些被标上“更健康”和“长寿”的营养品保持着某种警惕。当谈及他们这一代人对此类营养品的态度时，一位爷爷如是说：“我不懂科学营养的方法，可是只要大人吃了没事，小孩就可以吃。”另一位受访者也以不同的方式表达了同一个观点——断奶后的孩子可以像一个成人那样来喂养。当然这并不意味着他们将大人与小孩等而视之，他们也知道孩子对食物的口味很特殊，对食品本身有着特定的需求。

然而，当我们问老一辈人什么食物对孩子来说是“健康的”时，我们却得到了完全迥异的回答。一位受访的北京奶奶告诉我们，春天对于孩子的成长最为重要。相应地，到了冬季她会亲手为孙儿暖身子做的一道菜：用文火慢炖猪骨头汤。另一位受访者坚持认为孩子和成年人很相似，应该吃大量的蔬菜和适量的肉类。一般而言，年长者视肉类、鱼类和蛋类为健康所必需，但常常会表达以下的论点：在经济条件允许的情况下，动物蛋白的摄入应与谷类、蔬菜，新鲜水果互相补充。

现代的饮食理念

在回答当下的年轻人应该吃什么时，受访地区的（外）祖父辈和父辈家长有许多共同的观点。尽管如此，他们之间的饮食理念还是有显著的差别。一方面，我们接触到的家长比他们的父母受过更好的教育，尤其与他们的母亲相比。在我们采访的所有（外）祖母中，没有一人拥有本科或以上学历。在江苏，大部分受访的父辈家长完成了高中学业；与此同时，大部分的（外）祖父辈老人都是文盲。

学校和现代科学的熏染十分明显地影响了父辈家长的饮食、健康、抚养孩子的观念。这些观念是“现代的”，因为它们的基础是西方医学和现代营养科学。以“维生素”为例，我们经常可以在采访中听到这个词。维生素在汉语中读作“weisheng su”，或者被称作是“支撑生命的物质”。家长们理解维他命、食物和健康之间的关系，他们中的许多人把提供一张富含维生素的食谱视为尽责父母的一个特定职责。我们采访的北京家长们也是这样的，大部分的父母说他们鼓励孩子多吃蔬菜，有些甚至强迫不听话的孩子吃些生的蔬菜，来补充蔬菜在烹制过程中流失的维他命。为克服维生素不足的难题，一部分家长认为可以时不时地吃些猪排骨或是家禽类的血来促进钙和铁的吸收。当有些孩子对家长认为有好处的食物不感兴趣时，譬如说生的胡萝卜，有些家长会把它炖成汤来改变食物原先的口味。又比方说牛奶，为了让一些挑食的孩子喝，父母可以在奶里加点糖和麦片。当孩子不喜欢吃水煮蛋时，家长们会将蛋切成小块来刺激孩子的食欲。正如一位家长所说：“我们想尽一切办法就是让孩子吃得更好。”可是，孩子白天要离家去上学，一旦家长的控制减弱，孩子们便会用手里的零花钱去买零食和饮料。为了孩子的健康和卫生着想，家长们极力反对孩子在街边小摊或者是临近的小店购买零食吃。家长们怀疑零食里掺杂了过多的人工调味剂、色素或者是有害的激素。他们同样也担心孩子们不洗手就吃零食，甚至误食了防腐剂。

父辈家长们专注于孩子的健康饮食、食品安全和丰富的维他命补充。他们有时会认为（外）祖父辈没法监督孩子的饮食状况，因为老人们对于营养科学几乎一窍不通。一位年轻的母亲抱怨老一辈人不将营养满足看作是“科学抚养孩子”的重要组成部分。这是因为当老一代人为人父母时，他们并没有太多的食物可以选择。这位年轻母亲认为现在的家长“已经有足够的条件对孩子进行科学的抚养”，这些条件具体包括相比以前更高的家庭收入和大量的科学营养信息。

父辈家长们通常经由书籍、杂志、收音机和电视机等媒介获取信息，他们也会和同事探讨诸如如何烹调食物、某些食物的好处以及如何帮助孩子建立正常的饮食习惯等的问题。当然，运用“科学的”理念并不总像想象的那样有效。一对受过高等教育的夫妻表达了他们的不安。为了让孩子健康成长，他们曾经尝试过将西医和中医的养生理念结合起来，但效果并不很好。这个孩子的母亲供职于一家出版医学书籍和健康杂志的出版社，他的丈夫曾自学过中医。虽然夫妻二人煞费苦心地制定了科学的饮食方略，可是他们孩子的身体依然不好，这使他们感到深深的困惑。尽管我们采访的其他北京父母并不像这对夫妻那样花时间设计周全的食谱，大部分的家长都会通过阅读书报上的文章来了解饮食、健康和抚养孩子方面的知识。

在江苏省的农村地区，科学地抚养孩子被理解为直接给他们吃维生素片。大部分孩子一出世就开始吃维生素营养品，这样的建议通常是由乡村或是镇上的医生给出的。维他命在当地被视作药物，能够保护婴儿免受疾病的侵袭，直至孩子度过了脆弱的幼儿期开始吃固体食物为止。这种看待维他命的方式在景军研究的甘肃农村也存在（见本书第六章），另三位学者也曾在中国北方乡村中发现类似的看法（Huang Shu-min et al, 1996：355-381）。

消费型的饮食理念

新食物品种和饮食理念的引入势必会改变任何一个社会既有的生活方式和饮食模式。当中国逐步走向市场经济，并与外面的世界连接更为密切之时，中国孩子的胃口也越来越受到进口的新式食物影响，尤其是外国企业将速食快餐和软饮料引入中国以后。

在中国消费文化扩张的大环境下形成的饮食理念被称之为“消费型的”。各个年龄层的人们都受其影响，但与之联系最为紧密的还是出生于经济改革和计划生育时代的孩子们。比起在计划经济时代成长起来的父辈们，他们更加熟悉市场经济下的风尚。

我们从采访中了解到，受访家庭的日常饮食主要是由父辈和（外）祖父辈家长主导的，孩子常常和长辈们在食物选择问题上无法达成一致，他们只有在购买零食和软饮料时才获得自主权。在十多年前，当城市初步进入改革阶段时，成千上万的新式零食和软饮料出现在超市和便民小店中。念小学和幼儿园的孩子们马上就成为了这些食物的忠实拥趸，他们很快熟知了纷繁复杂的品牌，包括一些西方化的快餐产品。而孩子的父辈们，更别提（外）祖父辈们，对于这些新潮东西的名字、口味、外包装或者价格都知之甚少。也因此，长辈们常常在采访中说到他们其实是通过孩子才了解到一些新式食品的。由此可见，当孩子们成为消费主体时，他们正逐渐扮演着一个指引者的角色，通过对长辈们施加影响来购买消费品。①

对于持有消费型饮食理念的人而言，食物的口味如何根本不重要。北京一位父亲的观点颇有见地："现在的孩子都是根据糖纸是否漂亮来挑选糖果，有时他们根本不是要吃这些东西，而只是对它们的外包装和里面的玩具感兴趣。"需要说明的是，将实用性和可玩性的结合并不是最近才在中国出现的。早在1960年代，中国制造的饼干就被做成小猫、小狗、熊、斑马等各种动物的形状。可是二者还是有所差别，其一就是当今食品的可玩性和食用性远远超越了食物原有的实用性。方便面就是一个很好的例子，它一进入市场就成了孩子们关注的焦点：包装袋里有一张彩色的卡片，如果集齐八种不同颜色的卡片，就可以获得一件抢眼的短袖。这种市场营销术导致的结果是，一个孩子把此事告知其他孩子，在无形中成了"移动广告"。为了赢得那件短袖，孩子们就不得不经常买该种方便面来收集卡片，可是包装打开后，孩子们取走了卡片，方便面却只能由家长们来消灭了。对口味关注度的降低，也可以从孩子们对快餐连锁店（比如麦当劳、肯德基和必胜客）的热衷上略知一二。他

---

① 香港儿童的情况和大陆儿童非常相似。华琛（James Watson）就曾经指出，香港儿童常常在其长辈面前扮演饮食指导者的角色，他们会给长辈示范吃快餐的恰当方式。他还曾经听一个11岁的小孩抱怨，说他和爷爷一起去麦当劳吃东西，爷爷居然不知道怎么吃，这令他感到很丢脸（J. Watson ed., 1997：102）。

们喜欢快餐食品并不完全是因为口味，还有那些地方很好的气氛和有趣的玩意。一位北京母亲说她的女儿在家里一般都叫她“妈妈”，可当她带着女儿去麦当劳时，小女孩就改口叫她“妈咪”了（这个词是由中国孩子从国外卡通片中学来的）。正如这个修辞上的转变以及短袖的故事所显示的，食物的实用属性其实是可以取消的；或者就孩子们的快乐而言，它显得不再那么重要了。相比于食物的实用性，孩子们更愿意被父母满怀爱意地带入一个流行的餐馆或者娱乐场合，享受某些公认的、象征时尚的消费品。

饮食与文化转向

文化观念可以依靠风潮、价值观和符号传递给一代人。也正是在这个意义上，饮食理念的延续对于文化转向有着暗示作用。研究“文化转向”，我们首先可以了解一下老一辈人对于传统食物的态度。外祖父辈的家长相信传统节日必须要有相应的食物，比如我们研究的许多家庭不但庆祝农历新年，同时也庆祝元宵节（农历一月的第 15 天）、端午节（农历五月第五天）、中秋节（农历八月第十五天）和冬至（农历十二月第八天）。我们采访的城市家长对待传统节日往往漫不经心。有的人甚至认为吃特定的节日食物应该成为一种个人偏好，而非一种传统。然而，假如这个城市家庭是一个三世同堂之家，则祖父辈的家长肯定会在元宵节吃元宵（由糯米粉做成的甜的团子），在端午节吃粽子（由糯米制成的金字塔形状的点心，以竹叶或者是箬叶包裹），在中秋节吃月饼（月亮形状的蛋糕，内部放一些坚果），于冬至喝腊八粥（白米、黄米混合坚果和干果熬制的粥）。祖父辈一代明白缘何特定的食物必须在某些节日里食用。我们遇到的儿童知道什么节日该吃何种食物，但他们不知道其中的缘由，而这些孩子的家长们对于节庆食物的习俗准则也只剩下模糊的印象了。

传统节庆食物的宗教意义正在消弭，而为孩子筹备生日的热情正前所未有地高涨。大部分我们调查的北京家庭为庆祝孩子的生日，会买一个蛋糕，准备一桌好菜，或者干脆去饭店庆祝。父母、(外)祖父母、叔叔阿姨以及兄长们会送各种的礼物，包括书籍、玩具，有时是钱或者去某地娱乐中心的旅行。孩子生日的庆贺不但成为一年一度的家庭事件，同时也产生了一笔巨大的家庭开支。同样的情形在江苏农村地区也渐趋流行。我在一所乡村中学里进行了问卷调查，结果显示 70% 的五年级学生将其生日列为一个家庭事件且必须庆祝，只有一半的学生提到了端午节和中秋节。

传统食物在道德教育中的重要性也在丧失。中国文学里充满了关于食物的故事，劝诫人们尊重老人，善待同辈，节俭精明，同时珍惜来之不易的食物，并对食物的祭祀功能怀抱虔敬之心。一位老爷爷动情地说这些教导如今早已不复闻了："新一代人不再为吃穿发愁了。当我还是一个孩子时，日本人打了进来，我爹娘为了躲避日本人的大扫荡逃进山里，最后饿死了。我那时还小。我逃到天津和张家口，为了活下来用各种方法找东西吃。到我有了自己的孩子时，又碰到了糟糕的三年。人们半死不活，饿得水肿。”（see Becker 1996；Jowett 1989：16-19；Yang Dali 1996）。

对于许多学龄儿童的家长们来说，这场饥荒给他们留下了难忘的回忆。一位44岁的父亲说当时他还是个小学生，正赶上北京粮食短缺，他爷爷从乡下赶来救济他。这位家长回忆了当时的情形：“那个时候已经是深冬了，爷爷穿着棉衣棉裤。他进了房间还在抱怨天气太冷，我感到奇怪。当他脱下外衣，我才发现他衣服和裤子里的棉絮都变成了粮食。直到那时，我才知道政府已经禁止个人从农村带粮食到城市了。”

当我们问及受访者是否会将这类故事告诉他们的正在上学的孩子们时，常见的答复是，过去食物短缺的故事和孩子们的饮食需求并无关联；现在的孩子根本不担心食物短缺，反而担心自己因为没有尝试过某一品牌的零食而在同学面前丢面子。也因此，每当长辈们含泪回忆起过去因饥荒而失去亲人的经历时，孩子们通常不是觉得故事太过恐怖以致无法相信，就是很难在情感上引起共鸣。正如一位家长所言，对于如今的孩子，老一辈的苦难如同“天书”一般，后辈们再也无法理解这些以往的苦难了。

另外，孩子们常常在电视上看到精致的食品和个人的幸福，这些印象淡化甚至抵消了人们对于苦难的叙述。食品营销商没有兴趣提醒年轻人，直到八十年代早期并不是每一户中国家庭都有足够的食物。食品制造企业十分清楚，食品的创新开发必须要改变消费者的饮食习惯，提供给他们美好生活的幻觉。如前所述，电视机是实现这个目标最有效的媒介。①

看电视作为时下最流行的休闲活动，对个人的消费行为有着特殊的影响力。一项社会学调查显示，文化风尚形成于八十年代晚期，学生们对于他们在电视上看到的一切是如此着迷，于是便开始模仿广告里的口气、广告词和音乐（Wang Jiangang 1989；Zhao Bin 1996：639-58）。老师们抱怨说，一些女学生沉迷于电视广告，是因为可以看见一些电影演员和流行歌手为某些食品代言。一位老师称之为“追星族”，因为这些女孩子非常爱慕娱乐圈的名人，她们渴望购买广告中明星们代言的产品。

电视的影响力也波及到了父辈家长。1987 年的一项全国性调查显示，城市居民每天要花两小时收看电视，接近于当时居民每日休闲时间的一半（Wang Shaoguang 1995：149-72）。1995 年，城市每周工作时间为五天，在周末，城市居民花在电

---

① 电视在中国成为主要的消费品信息来源还是最近的事情（Lull 1991）。最迟到 1980 年代中期，中国的电视节目还很少有关于消费品的信息。即使有，也多是和个人消费没有关系的工业器材的广告。到了八十年代末，越来越多中国家庭开始拥有电视机；也是在这个时候，个人消费品的广告开始增加。1985 年时，全国每一百户家庭中只有 16 户拥有电视机；但到了 1993 年，每 100 户城市家庭中就有 80 户拥有彩电，每 100 户农村家庭中有 58 户拥有黑白电视机（State Statistics Bureau 1994）。当我们开始进行本项研究时，中国的电视节目上已经出现了各式各样的食品广告。

视上的时间激增。我们采访的一些北京家长声称，对于广告中的食物、饮料和营养品，他们一概不信，虽然广告上称这些东西“有助于健康”。与此同时，也有一些家长看了电视广告的宣传，就真的为孩子买来了这些产品，直到后来他们发现这些东西不如吹嘘得那么好才将其丢弃。当前中国仍然缺乏严格的法律来管制商业广告，防止虚假不实的产品进入消费市场。

对孩子们而言，同辈之间的互相攀比使得孩子们了解到了一些食品。老师和家长告诉我们，假如一个孩子不认识或者无法买到时下流行的新款食品，他就会受到其朋友圈里其余人的嘲笑，因为孩子圈里最重要的事情就是分享食物或者交换和食物有关的信息。老师们认为，孩子们一起分享食品是学校里很常见的交流活动，而且常常都是同性的伙伴们在一起。学生被允许从家里带一小部分食物和零食到学校来，午饭时和同学一起分享，同时通过互换来探讨哪种食品更好吃。

关于食品信息的分享，有时可以显示出一个人对于市面上最新潮食品的熟悉程度。同辈圈子内追求时尚的压力如此之大，以至于一位就读于北京某小学的学生（根据他父亲的话）向他的伙伴们谎称自己吃过“和路雪”牌的冰淇淋，可事实上他根本就没吃过。据称，那个班里所有的男生都吃这种由中、英、荷合资企业生产的冰淇淋，所以当“和路雪”成为谈话焦点时，这个孩子不得不撒谎说自己也吃过，以免丢面子。老师们已经察觉到孩子间的攀比倾向，并认为这种情况之所以产生，是因为家长给了孩子太多的零花钱；这些钱又反过来促进了生产，进一步鼓励了孩子们通过食品来满足自己的虚荣心（详见伯娜丁 · 徐在第二章中就学生之间的攀比消费更详尽的讨论）。

零花钱使得孩子们有机会消费那些家长禁止他们吃的食物，这些食物通常被认为是不健康的。我们采访的家长都认识到了零花钱可能导致的坏处，但又认为不给孩子零花钱是不现实的。在城市里，“4-2-1”的家庭结构（指 4 位祖父母，2 位父母和 1 个孩子）意味着孩子可以通过三组关系来获得零花钱：父母、爷爷奶奶、外公外婆。叔叔阿姨也会给他们的外甥或者外甥女零花钱。我们在北京的调查发现，每个孩子每天大约有 5 元零花钱，春节期间这个数字超过了 100 元。大多数的孩子按日或周领取零花钱；另外，当他们学业有进步或者过生日时也会得到一些钱。但收获最多的当然还是在农历春节。在江苏农村地区，大部分五年级的孩子们都有零花钱，最低的每天有 5 角，最高可达 3 元。比起北京孩子，这些农村的孩子往往把零花钱用在买零食、软饮料、干果、冰淇淋和坚果上。

结论：食物与童年

一个人成长在一个文化体系中，通常意味着他会从过去继承一系列的观念并将其付诸实践。家中的长辈，尤其是父母，是最早影响孩子社会化进程的人，因为他们是最初同时也是最重要的社会观念的传递者。在代际之间传承观念的重要意义在于帮助青年人更好地适应成人世界的规则。这一传承观念的准备工作包含了价值观的灌输和实践技巧的提升。这其中一个重要的提升方面就是教导孩子学会吃什么和如何吃。

在中国，祖父辈一代人一直在他们的子女和（外）孙子（女）之间保持一个积极的联系。因此，社会价值观的传承可以打破小家庭的藩篱，使主干家庭中的老一辈得以加入其中。研究发现教育年轻人理解健康之重要性和食物的社会延伸意义是儿童教育的一个重要组成部分。要传递这些观念需要父辈和（外）祖父辈的共同参与。我们意识到，（外）祖父辈一代传统的饮食理念与父辈一代现代的饮食理念仍然有着紧密联系。尽管在其中一些具体的细节上，两种理念有着巨大差异，不过二者都致力于共同的目标。

然而，老一代人如今已经无法将他们的食物观念传授给其孙辈的人了。中国社会的商业化和经济改革使得这个难题逐步凸显。艾秀慈（Charlotte Ikels）在研究中国市场经济转型（以广州为例）时曾指出："教导年轻人应对未来，即使是在一个相当好的环境下也显得十分艰难；而当社会正经历巨大变革时，这个挑战几乎无法达成。"（1996：140）我们的调查显示这一挑战的确是巨大的。城市改革开启之后，加工食品源源不断地进入中国市场，铺天盖地的消费信息使得很多成人开始感到迷失。一位北京家长这样形容其孩子处理信息爆炸的方式："现在的孩子懂很多东西，当我们这么大的时候，什么也不懂。我上中学时才第一次见到电视机。广告上说了什么，或者同班同学说了什么，孩子就习惯性地想要获得这些东西。”老年人对这个国家所发生的的事情也困惑不已，他们不知道新的消费品，通过儿孙们的指点，才稍稍懂得了何种食物会在市场上供应，它们的价格是多少，以及有什么用途。透过对加工食物的消费，我们可以观察到长辈和晚辈之间传统的教育关系正在逆转。

从历史的角度来看，我们还需要强调不同代际人们在童年经历上的差别。大部分的（外）祖父辈成长于经济困难的时代，那时候国运衰颓，内忧外患。他们经历了抗日战争（1937—1945）和国共内战（1946—1949）。当他们还是孩子或初长成人时，食物对其而言只是为了填饱肚子。对于现在已为父母的中国家长而言，他们中的许多人都经历过生活必需品的短缺时期。在农村地区，无论经济条件如何，每个家庭都对饥荒有着难以磨灭的印象。浪费食物，就算是一点点，也是非常羞耻的。城市里的老一辈人倒没有小心谨慎到这种地步，但他们对于严格的食物配给记忆犹新：不同年龄的人们在国营商店前排起了长队，手中攥着配给券购买每月家庭所需的小麦、玉米粉、豆腐和食用油。因为有过这样的经历，他们懂得如何抑制自身的欲望，更有效地使用自己虽然在增长但终究有限的收入来买些入时的食品。

现今的孩子则在一个巨变的环境中成长，他们出生时恰逢一场特殊的社会变革——消费革命。与此同时，他们生活在计划生育政策之下。在农村地区，这一政策意味着每个家庭生育的孩子将减少。而在城市里，计划生育有着更为深远的影响，因为每个家庭只被允许生育一个孩子。因此许多人都对计划生育政策忧心忡忡，独生子女的问题也随之而来，溺爱孩子就是其中一种表现（Wu 1994：2-12）。人们担心独生子女在被给予过多的物质关怀以后会变得无拘无束，或者失去了努力工作和学习的能力。但现实是否真的如此，学界目前尚无定论（Xiangyin Chen et al. 1992；Bin Yang et al. 1995）。

然而，眼下不可辨驳的事实是：中国的孩子，不管住在城市还是农村，正在一个消费文化中学习和成长。即使是在偏远地区，孩子们也不得不面对电视上的最新潮的食品广告的诱惑。当我在江苏农村做田野调查时，一个小女孩取笑了我，因为她发觉我竟然对某种流行的饮料一无所知。“你连这个牌子都不知道？”她的口气暗含讥讽，“每天都能在电视上看到的。”

（胡旻　译）

第 5 章

全球化的童年？——北京的肯德基餐厅

罗立波（Eriberto P. Lozada, Jr.）

像国际间的意识、产品、人力、资本和技术交流这样的跨国主义（transnationalism）社会衍生物已然成为了当今人类学研究的主流。这些现象之所以引起学者们的注意，主要在于跨国公司创造和推销的文化产品席卷了全球。正如一位学者指出的那样，全球化“使世界各个角落里越来越多的人开始穿同样的衣服，吃同样的食物，看同一份报纸，看同一档电视节目，等等”。（Haviland, 1994：675）跨国公司势力的逐渐增强有时被认为是发展中国家文化断裂的主因，它将当地风俗改造得面目全非。在本章中，我认为虽然当今世界生产和消费体系一体化造成了相当明显的同化迹象，但由于文化认同和本真性之间的竞争变得越来越尖锐，特殊主义（particularism）也在不断扩张——比如那些对跨国公司影响至深的政策就不得不依据本土社会的情境，通过当地人的参与来加以调整。

在本文中，我将通过考察十九世纪九十年代美国肯德基如何迎合北京儿童的饮食习惯来论证上述观点。从这一角度切入主要有两点考虑：第一，像肯德基这样的快餐店在中国很受城市儿童的欢迎，这些孩子经常掌握了其家庭是否光顾肯德基餐厅的决定权。第二，孩子们的饮食是他们社会化过程的一个基本组成部分，儿童饮食方式的改变能够反映其所处社会环境的变迁（Beardsworth and Keil 1997）。除此之外，孩子的物质和文化商品消费正在成为世界许多地方和各种社会群体激烈竞争的一个领域，这些地方和群体都在寻求通过塑造其童年经历来实现他们未来特殊的愿景（Stephens 1995，也见本书景军的引言）。作为一个组织化的行动者，通过成为北京本土生活的一部分，肯德基已然融入了北京儿童的社会生活，影响着中国孩子的童年经历。接下来，我首先要阐述一下本章的理论框架。

跨国组织和中国儿童

跨国组织为国际上人与人的交流、商品的流通和观念的互通提供了制度上的支持，它的存在可以追溯到国家的产生（E.Wolf 1982；Hannerz 1992；Huntington 1973）[①]。然而，过去这样的组织在塑造地方社区实践方面的影响力比起其他社会组织（如国家）的影响力要小得多（Nye and Keohane 1973）。如今，

① 人类学很早就关注跨国过程的研究，比如早期的传播主义和文化适应理论。也可参见戈弗雷·威尔森（Godfrey Wilson）的著作以及其他在罗德斯—利文斯顿学院（Rhodes-Livingstone Institute）和曼彻斯特大学工作的人类学家的著作，还有文森特（Vincent, 1990）对跨国主义的早期人类学研究的分析。

由于全球化交流、世界贸易、市场网络以及劳动力迁移，地方社区变得更加一体化，成为一个相互依赖的全球体系（Saseen 1996；Appadurai 1996；Featherstone 1990）。因此相较以前，理解现代日常生活的社会结构更需要了解跨国公司是如何将地方社区与经济发展及社会变迁的全球力量联系起来的（Moore 1994, 1987；Strathern, ed., 1995）。

在跨国主义的研究中，学者们通常会在两种视角中选择一种。有些研究偏重于人类学家玛丽琳·斯特拉森所说的“全球化的具体模型”（Strathern, ed., 1995：159），也就是认为结构化影响源于“世界资本主义体系”（参见 Wallerstein 1974；Frank 1969；Vallier 1973；Hanson 1980）。基于这一类型的组织分析通常会出问题，因为他们预设了其所研究的组织有着较高的文化同质性，总是被动地适应当地文化（host culture）。此外，这些研究不能完全解释制度框架内的非正式社会网络的影响。第二类研究的重点是评估经济发展、公共文化和离散认同等领域内跨国过程中的文化影响（参见 Morley and Robins 1995；Gupta 1992；Escobar 1995）。然而，这些研究也大都低估了国家间的政治不对称性以及其定义和控制跨国议题的能力。与此同时，它们也倾向于把不同类型的跨国组织同质化，比如世界宗教组织和国际经济公司。

在本章中，我将尽量通过结合上述两种视角的长处，同时具体分析一个单独的跨国组织来避免它们存在的问题。我的基本研究取向是将北京的肯德基视为理解某个特定城市和当地烹饪传统中跨国主义的切入点。这种研究取向将北京肯德基餐厅作为一个社会建构的消费场所来考察，这类消费场所在商业上的成功往往取决于它们对地方社会运作方式的了解程度。自从1987年肯德基在北京开第一家分店以来，它在中国的运作已经逐步“本土化”（domesticated）了，这也意味着它已经从陌生的异域食品转变成为中国人十分熟悉的餐饮类型。本土化的过程是“在地化”（localization）累积的结果，在本章中这一过程指涉的是肯德基在面对本土市场竞争中做出的创新和改革；也是在这个过程中，它逐渐了解了中国城市孩子的特殊地位。与此同时，我所谓的“在地化”也指涉那些转变了态度的肯德基顾客，这一态度的转变使得曾经的外国食品肯德基融入了中国人的日常生活。[①]

不论是否去过肯德基餐厅，中国孩子都能通过各种渠道得知肯德基，包括媒体宣传和同学告知（参见本书的第二、第四章）。这种了解并不意味着所有孩子都有机会去肯德基就餐，但这的确使肯德基变成了一个人人追寻的口味和生活方式，甚至是一种衡量“差异”的手段（Bourdieu 1984：6）。[②] 此外，中国

① 按照阿帕杜莱（Appadurai 1996）的说法，在地化（localization）是“想象力工作”（work of the imagination）的结果。在这一论述中，社会群体需要从一个更全面的抽象思维或者物件中提取建立一种特殊性。换句话说，在地化就是将抽象概念和物件的宏观形式转译成具体观点的过程，这些具体的观点在特定的语境中对特定的社会群体具有重要的社会意义。

② 这并不是说所有中国孩子都享有一个童年的固定标准，也不是说他们使用这种标准的意图和目标是普遍的。相反，我一直主张在快餐厅吃饭已经变成了中国孩子童年经历的一种惯习。

儿童的饮食习惯也对肯德基提出了特殊的要求，其中之一就包括了孩子们对肯德基标志“白胡子老头桑德斯上校”没有什么太多的热情。中国孩子排斥这一形象而热衷于“奇奇”，一个年轻有趣、充满爱心、独具儿童特色的肯德基标志。这一形象是为开拓中国市场特意开发的，并于1995年引入中国。在后文分析儿童、家长、学校和中国大众媒体于跨国企业（如北京肯德基餐厅）地方化过程中所扮演的角色时，我们还会深入讨论奇奇这一形象。

奇奇还是桑德斯上校？

1987年11月，中国首家肯德基餐厅开业了，它位于北京前门地区这个交通拥挤的黄金地段，正处于毛泽东纪念堂和天安门广场的南面。那时候，这家前门的肯德基餐厅是世界上最大的快餐厅，可容纳500人同时就餐。开业的第一年，前门肯德基每天的客流量达到了2000-3000人。但这一纪录下一年就被打破了。1988年，这家餐厅每天炸鸡2200只，居于所有肯德基餐厅之首，营业额达到了1400万。到了1994年，肯德基在北京有七家餐厅，都位于客流量密集的旅游购物区，还有21家设在其他中国城市。中国的肯德基餐厅变成了肯德基母公司百事有限公司国际餐饮分部的主要利润来源。基于其中国业务的成功，以及它在东亚地区总体的商业成就（算上美国的国内市场，1993年肯德基在亚太地区的销售量超过其全球销售量的

22%），肯德基在1994年宣布，公司会在接下来的四年里增加2亿投资额用于增加肯德基餐厅的在华数量，预期扩增至200家。

我的北京肯德基餐厅研究开始于1994年。此后四年，我在南中国进行研究的同时也不断回访北京。1995年夏天的一个周六午后，我参观了东四的一家肯德基餐厅——东四是北京城内一个集餐饮和购物服务于一身的商业区。在这家餐厅的门前，两个孩子围在一名身穿肯德基制服的女服务员身边，争着告诉她他们更喜欢哪种颜色的竹蜻蜓——一种孩子们旋转后就能飞行的儿童玩具。"我不想要绿色的，我想要个红色的。"一个男孩子叫嚷着。

对于这名服务员来说，这实在是一个忙碌的午后。她站在门边，迎接每个孩子并把这种玩具分发给他们。她已经站了好几个小时，但她那身看起来干净利落的肯德基制服（上身是带有商标的红白相间的衬衣，下身是黑色的裤子）就像是刚刚换上去的一样。这时，她正犹豫着要不要给那男孩子换玩具。他的同伴也想要用黄色的换一个红色的。为了不让孩子们扫兴，她从包里拿出来两个红色的竹蜻蜓给了两个孩子。他们高兴地蹦回到他们的桌子前，而那位女服务员在满足两个孩子的要求后，又转过身去寻找其他需要玩具或一个只是在微笑的孩子。

和其他快餐店一样，肯德基发现孩子们喜欢在餐厅里吃饭，而且他们已经成了肯德基的常客。[1] 那些随同孩子一起来东四分

① Raymond（1996）

店的成年客人告诉我，他们来肯德基主要是因为他们的孩子喜欢这里。[①] 当家长们被问及，与其他快餐店相比，他们对肯德基食物持有什么看法时，他们说他们其实并不太关心到哪家店吃饭，只是跟着孩子来到了肯德基。家长认为肯德基就是一个主要针对孩子的消费场所，这与肯德基公司把自己打造为中国孩子的“娱乐餐饮之地”的目标相契合。事实上，这也是公司特地为孩子们增加女服务员的原因。

以孩子为中心这一思想最明显的体现就是 Chicky，一个中文名叫奇奇的卡通形象。肯德基希望中国的孩子会把奇奇与肯德基联系在一起。奇奇是一个羽毛雪白的小鸡，穿着红色大运动鞋，红白相间的裤子，一件大红背心上面是肯德基首字母缩写，还有一个蓝色领结的形象。它蓝色的棒球帽（当然也印有肯德基标志）向一边歪着，一副美国说唱乐歌手的打扮；北京孩子经常可以在电视音乐频道看见这样的形象。奇奇的形象设计包含了肯德基希望年轻客户光临的愿望。它看上去就很有趣，眨着眼，还歪戴着棒球帽跳着舞。它在餐厅壁画上的形象则是在飞机上挥动着手，一副很兴奋的样子。此外它还是个好学生。1995 年 8 月它的形象还被印在返校文具盒上面。当餐厅的服务员把这些文具盒分发给顾客时，孩子们可以一眼就看到奇奇，

---

① 我在 1994 和 1995 年的两次田野调查都是在夏天进行的，这时候中国儿童已经开始放暑假了。也可能基于这个原因，我观察到这段时间内即使是非周末的日子，肯德基餐厅的孩子数量也要比学校上课时多。

它劝告小朋友们要“认真学习，开心游戏”。

奇奇的形象和桑德斯上校形成了强烈的对比。桑德斯上校是肯德基 1987 年来到中国时的重要标志——这一形象还像卫士一样矗立在第一家北京肯德基餐厅的入口处。当地经理渐渐明白了北京孩子对上校的看法。孩子们将他视为一位穿着白套装，头发花白，蓄着山羊胡子的严厉祖父。一位总经理提到他曾经听到有孩子进入肯德基餐厅时说“老爷爷会赶我们走”。为了使餐厅变得更吸引孩子，香港的肯德基区域经理决定推出奇奇这一形象。①

北京肯德基餐厅的布局也总是按照儿童的心理来装饰。许多餐厅都为小顾客们设计了一个玩耍的地方（由于空间限制，东四餐厅还没有这样的设置）。家具也设计成儿童适合的大小：洗手水槽很低，大多数 6 岁的孩子都能自己够得着。另外，还有一个空间留出来为孩子举行生日派对，这一举措也刚刚引进到中国。东四肯德基餐厅在第二层有一个上升座位区，用木栅栏和其他桌子隔开。墙上画着奇奇正在唱“生日快乐歌”，它把脚踢得高高的。作为生日聚会的场所，这个地方能够坐大概 56 个客人，还装饰上了气球。

我在 1994 至 1997 年访问北京时发现快餐店（包括肯德基）已经成了中国孩子举行生日派对的理想场所，而餐厅员工和特定区域都服务于这些庆祝派对。参加派对的人包括家长、亲属，还有那些“小朋友们”——在中国，孩子们通常被这样称呼。

① Raymond（1996）

肯德基餐厅已经变成了孩子们庆祝生日不可或缺的一部分，这充分说明了北京，还有其他中国城市的孩子已经变成了某种意义上的消费者。中国和西方的公司现在也在设计一些适合中国消费市场的商品。

肯德基 PK 荣华鸡

东四的肯德基有两层楼，能够容纳大概 250 人。餐厅附近有一个活跃的市场，是各类零售商的地盘。1994 年夏天的一个周六[①]，我看到一队人正在耐心排队等待进入肯德基餐厅。餐厅员工一律穿着保罗衫，粉色衣领上都印有肯德基的商标。这一井然有序的场景和餐厅附近汽车站里拥挤着上车的民众形成了强烈的对比。餐厅有大窗子，能够让来往的人们看到餐厅的厨房：不锈钢柜台和瓷面墙壁反映出高标准的清洁要求。为了满足北京快节奏上班族的需求，肯德基餐厅还开设了外卖窗口，贴满各式菜单的图片。这里的菜单与美国肯德基是一样的，有炸鸡、薯条还有肉汁、卷心菜沙拉、苏打水——当然包括百事可乐，因为肯德基是百事的子公司。一份普通的炸鸡套餐标价

---

① 在 1994 年之前，中国官方规定的工作周安排是周一到周六。到了 1994 年，政府又推行了第一周六天，第二周五天的工作制。到 1995 年，中国政府正式改成了每周五天工作制，周一到周五。我描述的那天恰好是一个五天工作那个星期的周六。

为 17.1 元，一套儿童套餐也差不多要 8.8 元。在温度适宜、窗明几净的餐馆里，人们围在柜台边点餐。背对着点餐柜台的是洗手水槽，那里也聚集着人等着洗手。餐厅二楼有更多的座位，顾客可以透过窗子看到街道。另外，这一层也有指示牌，引领顾客到水槽边洗手。着装统一的肯德基员工不时地擦拭柜台、清理垃圾桶、拖地——没有一个员工是清闲的。那天，店里挤满了来就餐的家庭，几乎每一桌都坐着至少一个小学生。接受采访的经理说，几乎每个周末餐厅都要忙着招待一拨一拨的孩子。

从东四肯德基过一条街就到了“荣华鸡”餐厅。这里也有一队人在排队，但队伍比肯德基短得多。这里也有女服务员——却也不像肯德基的那位——她虽笑脸迎接顾客，但看起来却很厌倦。荣华鸡餐厅也设有空调，但是它的装潢更像是旧时代的夜总会。虽然菜单没有肯德基那么丰富，但一顿标准餐价格要便宜得多（8.8 元），顾客能吃到更多的食物（炒饭、汤和蔬菜）。那里也有和炸鸡媲美的食物，比如灯笼鸡。除此之外还有今年夏天北京餐厅大受欢迎的饮品——纯生啤酒。食品和服务看起来更加中式。一位顾客给地方报纸编辑写信抱怨说这里吃完油腻腻的鸡肉之后没有地方可以洗手，而且服务水平极其糟糕[1]；这位顾客还提到餐厅经理应对顾客抱怨时不悦的神情。

---

① “招待”是一个快餐业员工鼓励顾客尽快吃完离开的委婉语。如果客人吃完了还呆着不走，员工就会直接请客人离开（Liang Hui 1992）。

荣华鸡的工作人员和肯德基的员工一样把重点放在清洁上，不断地拖地、擦桌子，让餐厅至少表面上看着很干净。在同一个周六的下午，带着孩子来这里吃饭的家庭很少。但是相对于肯德基来说，有更多的年轻人在荣华鸡吃饭。

炸鸡和跨国政治

这两家餐厅的不同之处不仅仅在于它们消费人群的年龄。荣华鸡，一个创立于 1989 年的本土企业，尽量地效仿着美国的肯德基；[①] 而事实上中国的肯德基，就像在其他国家一样，已经将自己调整得更加符合本地消费者的需求。虽然企业质量、卫生和管理标准都由肯德基本部提供，但它并没有卖炸鸡的标准方法。它已经在中国政治经济转型时期成功地迎合了本地人不同的需求（包括许多不同级别的中国政府官员）。[②] 肯德基总部允许其地方管理者掌握更多的自主权，只要在遵循肯德基的“善始善终”企业准则下，他们可以自行处理本土肯德基餐厅和中国政府的关系。这种职权（authority）的在地化使得肯德基

① 1952 年桑德斯上校创建了第一家特许经营店，1955 年肯德基有限公司正式成立。1969 年肯德基走向大众，在纽约纳斯达克上市。1982 年肯德基被雷诺兹 · 纳贝斯克公司收购，1986 年时又被百事收购。

② 佛格森（Ferguson）有关国家的讨论对本文很有启发。在他看来，国家并不是一个孤立统一的实体，而应被视为一个权力关系合作的节点（1990：272）。

和百事的跨国机构可以更为迅速地满足本土消费者的需求。很有可能也是这项策略造成了这两个企业的成功。百事在全球有25000多家分支机构，年销售额超过250亿（在美国本土以外的3900个分区内，肯德基就达到了9000多家），这一业绩使其成为了世界上最大的餐饮系统。随着二十世纪八十年代中国市场对外资的重新开放，肯德基成为了第一家入驻中国的西方餐饮企业，并于1987年2月建立起合资的肯德基北京餐饮公司。①

不同于其他中美合资企业，肯德基从作为政治中心的北京起家，而不是到经济城市（如广州和上海）去投资——这正是提摩西·雷恩（Timothy Lane）与众不同之处。此人是当时肯德基亚太区的董事长，他认为这就是肯德基在中国成功的重大原因（Evans 1993）。八十年代末曾有许多国外投资商离开中国，或是大幅度缩减在华运作的资金。②但毗邻天安门广场的北京前门肯德基餐厅却以“合同义务”的名义重新开业了。虽然这一时期中美关系十分紧张，肯德基却仍能和其北京合作伙伴继续合作。按照萨斯基亚·赛森（Saskia Sassen 1996）的说法，全球资本主义的发展是和每个国家具体的情况相关的。在肯德基的个案中，中国对现代化和经济发展的渴望（以及美国试图扩

---

① 参见肯德基公司的公共关系宣言《桑德斯上校的遗产》（Colonel Sanders' Legacy）。为创办这一合资公司，肯德基投资了63万美元，占总投资额104万美元中的60%，而北京旅游公司投资比例为28%，北京畜产品加工工业公司为12%。

② South China Morning Post，1989年6月22日。

展资本主义市场的欲望）为肯德基继续在华经营创造了条件。换句话说，虽然跨国组织在全球资本的舞台上有一定的操控力，但这一力量仍然受到国家权力的制约。

肯德基的经营方式非常分散。在多数地区，餐厅要么是特许经营和合作经营的，要么就是直接隶属于总公司。特许经营和合作经营的餐厅具有高度的自主权，但与此同时，直接隶属总公司的餐厅也在经营上拥有不小的自主空间。肯德基决策制定过程中的权力下放是由快餐业经营压力导致的：鸡肉很容易腐坏，肯德基员工几乎没有时间来向上级报告以征求意见。市场计划是由地方潜在消费者的评估数量决定的，也是根据地方消费水平来实施的。在我的访谈中，许多肯德基餐厅的管理层都承认地方市场所具有的多样性。

肯德基灵活的运营结构巩固了他们对销售方法多样化的认识。对于肯德基来说，要想在任何一个社会成功，它必须深深地扎根于那个社会。这并不是说肯德基餐厅不是由跨国网络来支持的——北京肯德基餐厅就是百事集团大力扶持起来的。实际上，由于1995年百事公司重组，肯德基现在和百事旗下的其他产业（包括必胜客和塔可钟）享受着同等的支持性待遇；但其地区经理还是有权决定如何利用这些支持性待遇，他们仍然是餐厅日常管理和地方营销策略的重要决策者。

“斗鸡”：竞争与学习

随着北京肯德基餐厅的成功，中国其他大城市的公司开始寻求与肯德基合作经营：1988 年之后，全国有一百多家公司想开肯德基餐厅（Hua 1990）。1989 年，一家计划在上海开办肯德基分店的公司派了两名企业家到北京去寻找“肯德基热”背后的原因。在前门肯德基餐厅排了一小时的队后，他们放弃了，然后去了东四的肯德基餐厅。在那里，他们尝到了炸鸡的味道。[①]

他们认为北京肯德基的成功除了与先进的工艺，可靠的质量和科学的管理有关以外，还与这个地区本身息息相关：北方人习惯吃和肯德基类似的食物，如土豆和面包。这两名企业家决定效仿肯德基，学习他们的技术。但要在上海做生意，他们就要卖更适合南方人口味的炸鸡。1989 年，他们在上海开办了荣华鸡餐厅，试图与肯德基一争高下。1990 年 2 月，中国日报（参见 Qian and Li 1991；Niu 1992；解放日报 1990）报道了这次竞争，题为“斗鸡”，赞扬荣华鸡首战告捷。肯德基迫于竞争压力不得不在 1990 年 2 月降价。这一格尔茨式的“深度游戏”（deep play）成为了中国饮食和美国快餐竞争的一个文化象征。

---

① 这两位企业家即荣华鸡公司经理李玉才和助理经理李耀珍（解放日报 1990）。

自 1992 年 10 月北京东四的荣华鸡餐厅开业以来，斗鸡的故事渐渐发生了变化。这一变化向人们提出了适应新生活方式的问题：快餐文化的社会成本和利益在哪里？荣华鸡打败肯德基说明中国企业能够运用西方技术创造出具有中国特色的产业。此外，大家也逐渐认识到对肯德基和其他非中国产品的大规模消费成为了中国特色消费的标志，这在社会意义的角度讲，也是世界市场内个体消费者的成功标志（Wen Jinhai 1992）。之后评论“斗鸡”的文章指出肯德基正在根据中国国内情况的变化而改变其营销策略（Beijing Bulletin 1994a,1994b）。比如，当第一家肯德基餐厅在 1987 年开业时，30% 的原料都是进口的。而到了 1991 年，由于快餐产业在本地的发展，只有 3% 的原料需要进口——即上校的秘方和香料。

荣华鸡管理者、中国联合企业经营者和政府官员等等不同类型的“企业家”们以不同的方式学习利用着西方的技术。二十世纪九十年代的中国改革，用 100 年前的话就叫做“中学为体，西学为用”（Wei and Wang 1994）。问题的关键在于肯德基并没有使中国的烹饪传统日益衰败，反而刺激了民族国家传统的复兴。自从荣华鸡在北京开了第一家店后，媒体关于斗鸡的报道就争相解释快餐店的起源。一些人说中国快餐产业的起源可以追溯到几千年前如包子和粽子等食物；其他更近一点的起源就是传统食品春卷、炸油条和其他曾经能在任何市场、街边买到的食品。还有人认为快餐这一词完全是从美国引进来的，原本是一个专属于美国文化的词，现在却已经传播到了世界各地。还有一种说法认为中国的快餐业与近年来经济发展的大繁荣和日益增长的个人消费水平息息相关。

在中国的改革开放期间，包括农业在内的所有经济部门都发生了巨变，这导致了个人消费水平的快速增长。去快餐厅吃饭最值得一提的原因之一就是对西方食品的渴望——想要品尝现代化的气息。对于来北京的国内游客来说，在快餐厅吃饭是游览祖国首都的一部分；东四肯德基把这些做的更详细了，他们绘制出肯德基地图和北京的旅游景点，并摆放在餐馆外面的大橱窗内。当人们在真人大小的桑德斯上校旁边拍全家福时，很容易就可以分清了谁是外来游客，谁又是北京本地人。

不论中国快餐的来源是哪里，北京的快餐热始于 1984 年，那时候第一家西式快餐厅在西单开张了。由中国公司运营的义利快餐厅，用唐老鸭作为标志，宣称是“解决食品服务问题的第一步”。[①] 这家餐厅的热狗一根卖 1 元钱，汉堡 1.2 元，炸薯条加炸鸡一份是 4 元。同一时期，华清快餐厅开遍了北京火车站，它提供的是中式快餐的食品。这些早期的饮食行业不同于其他的中国餐馆，他们只是通过采用先进的食物加工技术来提供快餐。这些技术大多是从境外引进的，比如香港和美国。1987 年肯德基的到来进一步确立了现代快餐厅的特点：高标准的清洁卫生、可靠的食品质量和标准化的菜单。到 1994 年，中、

① Hong Kong Standard，1984 年 4 月 16 日。

西式快餐厅已经在北京成倍增长：麦当劳、必胜客、布朗尼（加拿大）、大家乐（香港）、法国生活（法国）、吉野家（日本），百万庄园（中国）等等，所有这些餐厅都以标准化、机械化的烹饪和高度重视食品卫生著称。无论卖的是哪种风格的食物，在北京的快餐厅里，衣着统一的员工们拖着地的情景总是很常见。这些快餐厅的繁荣与北京居民外出就餐日益重视食品卫生有关。1993 年夏天，“斗鸡”竞争出现不久后，北京爆发了一场食品中毒的恐慌。肯德基和其他类似的快餐厅在新的形势下掌握了优势，它们能为惶恐的中国消费者供应可靠的食品。此外，由于其庞大的生产规模，肯德基已经开始承接商业和政府机关委托的大型宴会。一位美国经济学家就曾回忆到，无论何时他访问北京，中国社会科学院招待他的宴会中一定至少有一次是肯德基食品。1994 年夏天，北京的肯德基餐厅开始为三环以内消费金额超过 500 元的消费者提供免费的外卖服务。

肯德基这个具有国际背景的快餐店给北京市民提供了更多的食品选择空间——他们可以在菜单里挑选各式各样的具有异国风情的食品。大多数的北京人已经不再满足于吃饭过日子了。随着经济改革的深入，他们能够选择的商品和服务也越来越多。食物消费的新奇感加强了北京人的现代意识，他们已不再满足于日常的基本需求了（Beardsworth and Keil 1997；还可参见本书第三章）。北京市民的选购能力，尤其他们吃快餐的选择，可以被视为其步入现代性的标志。[①] 在“斗鸡”之争达到顶峰的时候，一位作家痛惜道：“众所周知，现代生活的节奏大大加快了。人们被快速前进的生活方式推着向前，鲜有时间喘息，更不要说享受生活了。也许牺牲质量增加数量是值得的，这样每个人都有机会享受快餐文化。”（Zhang Xia 1993）大批量消费产品和服务的快速生产与资本主义市场和现代性的连结，已经在西方社会中培养了消费者的选择意识：“选择已经变成了衡量一切行为的特权。”（Strathern 1992：36）这种意识形态意味着消费者不仅仅有大量不同的商品可供挑选，它还强调从以生产者为中心到以消费者为中心的转变。生产者的利益取决于消费者的满意度——在中国过渡到自由市场经济期间，这一观念也在逐渐扩散传播。

和学校合作，寻找年轻的消费者

正如之前所提及的，肯德基在中国最重要的消费群体是儿童。为了扩大其在儿童中的知名度，肯德基已经和学校、教师、

---

① 麦克克拉肯（McCracken 1988）断言，西方的“大转型”不仅包含了一场“工业革命”，还有一场“消费革命”，这些革命改变了西方社会中个体与社会关系的观念。麦克克拉肯的论述和哈维（Harvey），米勒（Miller），阿帕杜莱和斯特拉森（Strathern）的后现代主义探讨相一致，后者认为后现代的表征之一就是社会重心从生产转变为消费。

家长展开合作关系。肯德基在全中国赞助了无数的儿童运动会、作文大赛和其他竞赛。这些活动反过来帮助肯德基吸引了更多的年轻消费者（和他们的家长）到餐厅来：1993 年 6 月 1 日，肯德基在六一国际儿童节创造了一个日销售额的记录。[①] 记者苏珊·劳伦斯（Susan Lawrence）描述了 1994 年五月迎接约翰·卡拉纳时的情形，当时他是肯德基董事长和主要行政长官，迎接队伍是由 110 位上海学校学生组成的。在一个纪念第 9000 家肯德基分店开张的仪式上，他们头戴白色假发，假山羊胡子和领结，装扮成"桑德斯上校跳小鸡舞"（1994：46）。就像肯德基赞赏的那样，学校在儿童社会化和定义理想的童年中有着重要的影响；但是现在的中国学校不能被看作是国家塑造学生成为理想公民的延伸，或是定义童年文化标准的同质化体系（Shirk 1982）。近年来，北京出现了不同类型的学校可供学生及其家长选择，这一多样化选择的背后反映出中国经济快速增长造成的社会不平等日益加剧（Yan 1992,1994）。私立学校的出现表明了中国儿童不但自身就是参与社会分层的主体，而且也是成年人们划分阶层的象征符号。[②]

---

① 与苏珊·劳伦斯的私人交流。

② 除了一次性的"赞助费"（高达 3600 美元），每年的家教费用、房屋和膳食费用差不多需要 1550 美元。考虑到当时北京普通家庭每年的平均收入大约是 1800 美元到 3600 美元，这些私立学校显然只针对精英和中高阶层（Crowell and Hsich 1995）。公立学校的费用也很庞大，比如在广州的蕉岭县，许多孩子只有在缴纳 8000 元（差不多 964 美元）赞助费后才能上当地最好的高中。

或许可以这么说，肯德基已经在划分不同类型的中国孩子童年经历上扮演了非常重要的角色。从孩子的角度看，快餐厅的美食是一次幸福的家庭聚餐，但是这在普通的消费者看起来是十分昂贵的。1993 年，一顿三口之家家庭特色餐需要花费 18–48 元不等，当时家庭主要劳动力的平均月收入在 400–600 元左右（Evans 1993：3）。肯德基的约翰·卡拉纳将公司的消费者描述成“有抱负的消费者”，可以自由支配收入的人们才会花钱买快餐。然而，由于计划生育政策的压力，中国父母愿意花更多的钱在独生子女身上，给他们买快餐、零食和玩具。许多中国媒体批评本国父母和祖父母给予了独生子女太多的关注，在他们身上花费了太多的资源。这种溺爱会使得他们的后辈长大后毫无原则。中国快餐食品业的兴盛和消费者消费模式的转变也必须从这一儿童社会关系的变化过程中来理解。

肯德基只不过是众多希望吸引中国儿童消费者的国内外快餐厅中的一家。[①]1994 年夏天，吉野家分发小礼品，任何一位客人买了超过 25 元的食品就能换取一个带放大镜的尺子。麦当劳（有一家现在就在东四肯德基的马路对面）是赠送玩具和纪念品的发起人。位于北京中心王府井大街的肯德基甚至有一个独立的柜台专门卖玩具和纪念品。快餐并不是孩子们唯一需要的食品，他们已经通过商标名称认识了一大堆包装鲜亮的零食。

---

① 这种对注意力的竞赛和石瑞（Stafford）分析鞍钢教育与社会化过程中吸引注意力的行为非常相似（1995：11-12）。

在一期《北京周报》的报道中，有一篇文章讨论了改变食品消费方式的话题。有一位妈妈抱怨说："我们每个月都把收入的三分之一用来给孩子买吃的，这其中零食占了很大一部分。"（Qiu 1994：8）根据同一份报道，中国儿童1993年的零食消费金额已经达到12.5亿美元，这个数字也包含了对肯德基炸鸡的消费。

除了快餐厅，北京还有很多其他可供孩子和家长消费的地方。游戏机店（比如前门的世嘉世界）分布于北京的各个购物区，包括东四。在二十世纪九十年代，游戏机店里的任何一项游戏大约需要1–2元。从东四肯德基餐厅那条街往前直走就有两家"米奇的一角"商店，在那里孩子们可以买到迪斯尼的商品。东四的麦当劳位于地下室，它所在的那个商场有四层楼高，里面卖的都是玩具、电脑和其他儿童用品。北京中心五四路的书店也在卖书、电脑软件和帮助孩子提高成绩的学习杂志。在一项北京儿童消费调查中，市场专家詹姆斯·麦克尼尔和吴淑珊（James McNeal and Wu Shushan1995：14；又见McNeal and Yeh 1997：45-59）发现中国城市儿童影响了消费者69%的购买决定，并通过零用钱购买和家长、祖父母送礼物等等的方式掌握了每年超过50亿的商品营业额的直接控制权（其中25%都用来购买零食）。

电视是另一个吸引北京孩子注意力的媒体。许多外国儿童动画，如美国的地球超人（Captain Planet），特种部队（G.I.Joe），G型神探 / 神探加杰特（Inspector Gadget）以及日本的卡通动漫，都是北京孩子童年经历的一部分。这些节目透过玩具、衣物和其他消费品进一步强化了对这些孩子的影响。孩子放学后的电视时段总是被少儿节目占据，许多商业广告也都在少儿节目中插播，包括饮料、零食、电脑和其他针对年轻消费者的本土商品。

当然，孩子们也看那些并不直接针对儿童群体制作的节目，包括连续剧、体育赛事、音乐会和新闻报道，这些节目也是孩子们童年经历的一部分，是他们能为己所用的符号资源。[①] 比方说在 1995 年夏天，有几位北京初、高中的学生就和中国野生动物保护协会合作，通过宣传动员的方式来保护濒临灭绝的乌苏里老虎。[②] 他们在全城设点宣传该动物灭绝的危险，并请求捐助来支持野生动物中心。看完报道我立即去了一个购物区，在那里我看到年轻人穿着“保护老虎”的文化衫在发传单，收集募捐资金。当儿童电视节目，如《地球超人》，也宣传类似的观点时，当新闻也开始报道世界其他地方的孩子积极从事社会活动时，上述这项活动在宣传上就得到了强化，它也因此成了北京儿童在二十世纪九十年代社会化过程的一部分。

---

① 这一讨论与巴特（Barth 1987）关于个人如何利用公共仪式象征的讨论非常相似。

② 虽然这些孩子还都是青少年，但他们却充当了更小孩子渴望模仿的“偶像”。未来我们可以进一步研究北京“青年”和“童年”的动态变化。

结语：全球化的童年？

肯德基在北京本土化最明显的一个标志就是它最终不再成为热门话题。这也意味着它不再是文化竞争的焦点。到1995年，“斗鸡”竞争已经不是媒体关注的焦点，荣华鸡的扩张虽然很慢，其可供选择的食物却更加吸引年轻的成年人。“尝尝现代的味道”的新奇感已经褪去。肯德基的顾客说他们在这儿就餐更多的是因为方便，孩子们喜欢这里，而且这儿很干净。在象征性上，东四肯德基餐厅已经不再和北京地标平起平坐。1995 年 8 月，标注着肯德基餐厅和北京旅游景点的地图被一张中国非快餐餐厅赞助的新地图取代了，里面再没有提及肯德基。与此同时，在肯德基就餐也体现了饮食习惯的变化。一位陪小女儿来的男家长告诉我，“你在家做不出肯德基炸鸡的味道”，这种说法就相当于美国人无法在家做出中餐味道一样。吃肯德基虽然仍然是一种奢侈行为，但却不再特别。对于一些中国人（特别是老人）来说，肯德基食品仍然吃起来有“一股子洋味”；但对孩子来说，肯德基只是味道不错。

鉴于肯德基在中国积累了很多经验，它继续研发了许多新产品以吸引顾客，这一特点使其能够与其他类型的快餐店保持距离。仅仅具有西方特色已经不足以确保它的成功，更何况肯德基已经成为了本土文化的一部分—例如，1995 年北京肯德基餐厅推出了一款香辣鸡肉三明治，而在美国的肯德基餐厅就没有这种食物。随着跨国快餐连锁店成倍地增长，不同的公司也开始强调产品的独特性。一家北京的韩国乐天连锁餐馆就在其海报上宣传自己的快餐具有“韩国特色”。电视上的乐天商业广告也持续狂轰乱炸，充斥着韩国顾客开心饮食的情景。它们的菜单着重强调韩国快餐的特色，比如烤牛肉和红豆冰甜点。在快餐种类越来越多的同时，北京顾客在消费方面却越来越挑剔，也越来越了解各种快餐之间的差别。

反过来讲，中国儿童在肯德基本土化的进程中也发挥了关键作用，他们改变了肯德基的经营策略。如今的肯德基已经成了中国本土环境不可或缺的一部分，因为它既是中国儿童童年经历的一部分，也已经植入了本土社会关系中—儿童带着家长来肯德基餐厅吃快餐，品尝现代生活的味道并寻找快乐。也是在这一过程中，儿童们引领着长辈到了一个本土社会和跨国主义的十字路口。电视节目、其他大众媒体和学校加强了儿童和肯德基之间的特殊关系，因为三者都促进了孩子们对中国以外世界以及他们的生活与全球资本主义关系的理解。

但是这并不是一种被动的关系，像肯德基这样的跨国组织并不要求当地人掌握什么。地方居民和肯德基二者通过社会关系联系在一起，而这个联系网络的参与者包括国家机构（比如学校、官僚体系等等）、媒体和其他快餐厅（如荣华鸡）。由于这个网络的存在，肯德基不得不满足消费者的需求与期望，而这也意味着它有可能不再完全符合肯德基总部的国际标准。这种情况下，我们看到的是“边缘”对“中心”的反驳。随着儿童商品和服务消费的增加，肯德基必须确保人们对它的做法的支持。北京的肯德基餐厅已经成为跨国公司势力“本土化”的领域，它不再反映肯德基总部的管理模式和规则；在这一过程中，肯德基的人员投入（包括分店经理和年轻的消费者）的本地化。吉祥物奇奇的发明是一个突破点，因为这是特地为中国儿童发明的。肯德基对员工的要求也调整了，它特意招聘女服务员来招待年轻人。此外，肯德基参与学校活动和学生假期节目的项目也体现了本地员工对中国教育制度的了解。

和世界其他地方的孩子一样，北京儿童现在生活在一个去领土化（deterritorialized）的空间里，这里的儿童文化已经全球化了；无论是在北京还是波士顿，上面有弹球小游戏的奇奇文具盒总能吸引一年级的学生。像肯德基这样的快餐在孩子们中间总是很受欢迎，这些消费场所与学校一样，都成为了孩子社会经历的一部分。同样的卡通人物也很吸引中美两国年轻的电视观众。在这种情况下产生的“文化”并不是单一的、同质化的全球儿童文化，因为这些与消费相关的儿童经历并不以真空的形式存在，而是镶嵌在特定的社会关系和历史背景的网络之中。尽管在肯德基就餐表面上看是一种全球现象，特殊主义依旧有可能存在，因为特殊性就是在消费过程中产生的。乍一眼看去，作为跨国企业的一部分，中国的肯德基餐厅可能看起来还是全球化的标志之一，就像人类学家米勒定义的那样，是导致政治分化的“远距离庞大组织”（1995：290）。但是进一步的研究则表明，北京肯德基餐厅的成功源自于它适应本土的能力，并最终成为北京儿童社会生活中不可或缺的一部分。

正如我在前文中讨论过的，肯德基自身经营结构并不能清晰地反映现代主义者（modernists）对跨国组织的描述。在这一权力分散化的组织结构中，肯德基的管理层们清楚地意识到在当今全球经济中获得成功应当采取的组织策略，以及经济重心从生产转向消费的趋势。不论在北京还是德里，即使跨国组织有国际联系、跨国支援网络、金融资本和象征资本，它们的成功还是倚赖它们让当地人了解自己的能力。

（李胜 译）

第6章

一个甘肃村庄里的食物、营养与文化权威

景　军

本章论及中国西北甘肃省大川村里儿童消费的文化意涵。[①]下文中"食物"和"营养"的定义并不仅限于谷物、蔬菜、动物蛋白、糖分和饮料，还包括维生素、药膳、保健食品和滋补品。[②]在开始我的讨论之前，我将首先回顾改革开放时代促成

① 我第一次到大川进行研究是在1989年的夏天。1992年我又在这个村庄进行了为期八个月的田野调查。此后每年夏天我都会重访该村。在最近的三次回访中我研究了儿童的食品消费。从地理区域上看，大川分为三个单独的定居点——一个主村庄和两个边远的小村庄。本章涉及的是主村庄。在大川的边远村庄，由于儿童及其父母缺乏干净的饮用水，那里的儿童有严重的健康问题。直到1997年他们还得从一条已被上游肥料厂严重污染的河中取水饮用。这两个边远村庄的村民也比大川主村庄的村民更穷，部分原因是土地的匮乏、健康不佳的综合效应以及受教育水平低。

② 根据王寿魁和袁晓玲（Wang Shoukui and Yuan Xiaoling 1997：6）在《中国保健营养》上所发表的文章，1997年之前，中国有超过3000家公司生产和销售保健食品。政府机构也并未对这些产品做任何专项的医学检测。到1997年年中，生产厂家才被要求将他们的产品送至国家食品卫生检验检疫局进行检测。实验室结果表明只有59%的保健食品是有许可证的。禁止没有许可证的健康食品对那些没有资质的公司而言是一个沉重的打击，但是只要他们放弃其产品的医学声明，他们就可以继续生产。

中国社会变迁的两项重要因素：一项是经济改革，[①]另一项是政府的计划生育政策。[②]两者均始于1970年代后期，并导致了社会巨变，包括经济的日益繁荣和家庭规模的缩小。这两方面的变革使新一代的家长可将更多的钱花在较少的子女身上。尽管几年前还有国内外学者对中国能否生产足够的食物来养活其人口存在争论（Brown 1994：38；Liang Ying 1996；Smil 1994：801-803），但到了今天许多中国父母却提出了一个完全不同的问题：究竟吃什么食品才对儿童有益？

这一问题总能引起人们极大的困惑。目前中国有不止十七万家的食品公司，市场上也出现了种类繁多的食品；与此同时，我们也看到了形式各异的商业索赔。[③]也是在这样的背景下，儿童食品的健康成了人们特别关心的问题。在大川村，人们对这一问题的关心常常和一系列影响儿童健康的本地话语纠缠在一起。我将探讨对儿童食品的关心为何以及如何被三种我称之为"文化权威"的类型所塑造。本文接下来首先回溯人民公社解体以来大川村所发生的经济变革，然后再在这一社会脉络中阐述"文化权威"这个术语的确切意涵。

---

① 村庄层面的经济改革及其效应的人类学研究可以参见黄树民（Huang Shu-min 1989），Judd（1994），Potter and Potter（1990），Ruf（1994），Siu（1989），Yan（1992）。

② 关于中国的生育控制政策，参见Banister（1987），Croll（et al. 1987），Greenhalgh（1993：219-50），Li Chengrui（1987），M. Wolf（1985），Pasternak（1986）。

③ 这个数据可以参见Gao Wei（1997）。

食物、儿童与大川的经济发展

大川村是一个重建的社区。1961 年的大坝项目冲毁了大川村的原址。接下来的数年中，大多数村民经历着因土地贫瘠和长期粮食短缺造成的苦难。1981 年，中央政府刚刚表现出农业改革的意愿，大川就马上解散了大集体，将生产责任转交到个体农户手中。数十年的集体公社制度导致了生产力长期的停滞不前，而改革的目标就在于激发生产力。正如村民们所希望的那样，制度的变革使得本村的生产力在很短时间内迅速地提高，但是大范围的普遍贫困仍然存在。1989 年我初访大川村时，当地农民大多数时间的饮食还严重依赖土豆，直到农历新年才能吃上一点肉。到 1992 年，一些家庭已经能够每周购买些许牛肉，并用小麦来补充其土豆为主的饮食结构。但是对当地近 40% 的家庭而言，肉仍然是稀少的奢侈品，土豆依旧是主食。如果按照中央政府划定的年收入 300–400 元这条贫困线，那么这些家庭依然处于贫困线以下。但是到了 1995 年，即使这些穷困家庭也能通过土豆搭配小麦、鸡蛋、蔬菜、食用油、糖和动物蛋白来满足最低的卡路里需求。当地的饮食已经发生了天翻地覆的变化。

这样的饮食变迁源于农民们年收入的显著增长——起因是全村都开始温室种植土豆和草莓，然后在冬季卖到邻近城市以获得额外的收入。再加上村庄周围一百余座鱼塘的建造，到1996年底，新经济作物将大川村人均年收入提高到了800元。但是随着某些家庭从极度的食物短缺进步到实现温饱，人们开始意识到他们现在可以吃得好一些了，尤其孩子们应该吃得更好一点。

但是怎么才能让孩子们吃得更好一些呢？在大川村问这个问题，我们会得到很多不同甚至相互矛盾的答案。特别是当儿童的健康状况不佳时，食物能够激发高度情绪化的争论。我就曾经目睹过一个家庭的讨论。1997年夏天，我在大川的一位关键报道人的女儿孔德芳去了北京，为那里的一家面包店工作，并嫁给了一位跟自己一样的农民工，后来又生了一个儿子。当男孩半岁时，父母决定带他回家看看他的外祖父母。回到村子以后，孩子开始大哭，并且整整持续了一个晚上。孩子的外祖母以为他饿了，因为他母亲的健康状况就不佳，没有足够的母乳来喂养孩子。外祖母建议她的女儿带着孩子去当地的寺庙上香，并给一个当地的女神供奉食品，因为当地的女性信徒都认为这位女神在指引她们照顾婴儿和自身健康方面特别灵验。她的嫂子提了一个更简单的解决方法：给孩子断奶，然后喂奶粉和米粥。她嫂子还提到附近商店里正在出售一款她在电视上看到过的奶粉，她相信那是适合给孩子吃的最好的奶粉品牌。但孩子的父亲和外祖父都反对给仅仅只有6个月的婴儿断奶。孩子的父亲建议去看看西医，因为他认为儿子哭是因为在火车上吃了过期的方面便生病了。外祖父也认为方便面是造成孩子不适的原因，但他主张用中医的方法给孩子治疗，即用沸腾的、掺和着芦苇根和干枣的小米粥。面对亲属们激烈的争论，德芳终于控制不住留下了眼泪。她不知道自己该听从谁的意见。但她最终决定每个人的意见都听从。虽然没有停止对孩子的母乳喂养，她还是买了她嫂子推荐的那款奶粉。

起初，德芳看起来似乎只是简单地听从那些建议她应当遵守习俗的人，毕竟他们都是传统上的地位高于她的人：父母，嫂子及丈夫。他们都告诉了她应当如何应对哭泣的婴儿。然而这种解释并不适用于德芳，她是一位非常有独立意识的女性——比如她就曾经违背父母的意愿远赴北京，并在没有告知家人的情况下与同事结婚；因为没有准生证，她还偷偷地请了医生在北京郊外的农村帮她生孩子。按德芳自己的解释，她之所以用哭声终止家庭会议，是因为她发现所有这些建议都“有道理”：

> 村医有治疗我孩子的方法。神佛能够保护他。奶粉是对母乳很好的补充。我父亲的食疗法可以增强宝宝的健康。但我实在不知道如何为我怀里大哭的孩子一下子做完所有这些事情。所以最后我决定先带他去县医院，然后再与我妈一起去拜当地的神庙。现在我也用奶粉和我父亲的药膳喂孩子。

德芳的解释表明，她最终的行动几乎不是被强迫的，而是因为这些观念都“有道理”，尽管它们之间可能是相互冲突的。

换句话说，正是因为她面临着一些不同、但却有说服力的建议，她才难以抉择。

我与其他村民的访谈也表明，德芳的经历是很平常的事情。在寻找照顾小孩的秘诀时，当地人总是不得不面对各式各样兼具合理性和权威性的想法。许多这样的想法来自国家发起并推广的现代科技和西药、民间宗教的实践和传统的育儿方法，以及通过电视广告传达出来的市场影响力。鉴于它们在塑造大川村民对待儿童的健康和饮食的态度方面有着深远的影响，我将在“文化权威（cultural authority）”这一分析性概念的讨论下检视现代科学、民间宗教以及市场力量的说服力。

定义“文化权威”

如何养育孩子的问题可以被看作是有关权威的问题，因为在自愿的基础上，它们涉及了什么样的建议会被认为具有说服力并值得接受。与马克斯·韦伯对“权威”的经典定义不同，本文强调从说服力和自愿遵从的角度来审视权威。韦伯在论述Herrschaft【可以翻译成“权威”（authority）或者“统治/支配”（domination）】时，区分出权威的几种类型，包括法理型权威（legal-rational authority）、传统型权威（traditional authority）和超凡魅力型权威（charismatic authority）。法理型权威指对经过公开固定程序建立起来的正式规则的服从，其典型代表是官僚体制所秉承的准法律（quasi-legal）形式；相反，遵循传统型权威是指对既有习俗和实践的接受；而在超凡魅力型权威的案例中，追随者遵守那些具有超凡品质宗教领袖的指令，他们的权威胜过所有既定的规范和实践（Weber 1968）。

但是正如我们在英文中使用这一术语那样，“权威”的涵义并不仅仅是指下达命令然后遵守。神学家和科学家在谈论宗教和自然现象时或许是有权威的，但他们也常常受到选择和行动的限制。出于治疗考虑，内科医生可能会建议病人改变饮食习惯，病人会把该建议看作是对事实的权威性判断，但却有可能拒绝接受其忠告。在现代社会中，大量关于营养和健康的信息是由医学专家、医药公司、政府机构和新闻媒体发布的——除非它们具有说服力，否则它们将不被视为是对现实的权威性表述。在这种情况下，权威实际上是一种通过影响人们思维方式进而影响他们行为方式的力量；它包含了将某一对社会现实特定的阐释接受为合理解释的可能性。这种权威形式被历史学家保罗·斯塔尔（Starr 1982）定义为“文化权威”（cultural authority）；它有别于韦伯所讲的“社会权威”（social authority）那三种理想类型。具体来说，斯塔尔的“文化权威”概念尽管时常令人困扰，但它还是区分了文化和社会：文化是意义和观念的范畴，而社会则是社会行动者关系的范畴。根据他的定义，文化权威具有无需凭借规范或命令就可形塑、改变人们的观念、价值和态度的潜能。由于其影响力是建立在说服和自愿遵从基础之上的，文化权威可能无需经过行使就能为人们所接受；也因为如此，即使是那些位高权重的人也常常希望通过文化权威的方式来解决分歧。在现实生活中，文化权威总是通过特定的群体或代理机构来行使，其表现形式通常是上述群体或机构对专业知识的掌握和运用（1982：13-17）。

在用上述文化权威的定义来讨论大川村时，我主要关注的是现代科学、民间信仰和电视广告对儿童食品消费的影响。为了实现这个目标，我将把我的分析放进一个综合性的框架内：首先，通过介绍政府组织的教育活动如何将儿童的营养健康作为国家计划生育政策的重要组成部分，来讨论国家公共健康与儿童食品消费之间的关系；其次，通过观察大川的女神崇拜对中医和家庭传统食疗法的影响来检视传统育儿实践的作用；最后，通过分析大川村电视机的拥有量和零售店数量激增这一现象来探讨食品广告的影响。

本文将国家、现代科学、民间宗教、传统育儿方法和市场力量都纳入我的分析框架，目的在于指出国家发起的推广科学的运动和民间宗教的影响之间蕴含了两种相互矛盾的文化权威类型。在中国，尽管这两者之间的紧张关系已有很长的历史；但是在改革开放的时代，中国政府的人口政策与民间宗教复兴之间的张力却在农村育儿领域里明显强化了。这两种文化权威交汇后产生的矛盾因为中国社会的“商品化”而变得更加复杂——商品化使得企业能够将电视广告变成影响育儿方法的新式文化权威。简言之，大川的材料表明，儿童饮食不能仅仅被视为一个个人选择的问题；恰恰相反，大川的孩子吃什么，实际上体现了自 1980 年代初以来大川这个经历社会和经济变革的社区中三种不同形式文化权威的碰撞。

科学：政府建立文化权威的尝试

中国政府已经充分意识到，如果每个家庭都担心孩子的健康受到疾病或营养不良的威胁，那么国家的计划生育政策就很难顺利推行。为此，政府推出了一系列旨在增进儿童健康的项目来辅助计划生育政策的落实。在大川，我深深感受到这些项目产生的影响。1997 年夏天，在调查 30 名六岁儿童 24 小时的饮食安排时，我发现有 25 名儿童吃过钙片。① 每一个孩子都是在乡、县医生的推荐下才补钙的，他们深信当地儿童的身体不适是因为他们体内缺乏钙元素。② 而国家一年一度的儿童免疫运动恰恰又为这些医生提醒孩子补钙提供了绝好的机会。

让我们先来了解一下免疫运动。免疫运动是中国政府发动的旨在全国范围内预防麻疹、白喉、百日咳和小儿麻痹症四种

---

① 这项 24 小时的饮食结构调查表明这些孩子延续了一种以淀粉为基础、没有脂肪的简单的饮食结构。除了马铃薯和谷物之外，这些儿童还摄入少量的蔬菜和水果作为补充。关于全国范围内农村儿童的饮食信息，参见本书乔治娅 · 古尔丹所撰写的第一章。

② 当地的家长视钙片为“药”，这种观点同样存在于中国其它村庄，参见黄树民（Huang Shu-min et al. 1998：371）。

传染病的医疗项目。以小儿麻痹症为例，从 1993 年到 1996 年，中央政府组织了六轮针对四岁以下儿童的接种疫苗活动，每轮涉及 8000 万儿童。在大川，一年一度的疫苗接种是村医生和护士的职责，他们是当地县乡政府从城里派来的。在村内，他们得到了村干部的帮助。村干部们将儿童集中到一起排成队，接受疫苗注射。在儿童免疫过程中，母亲和祖母常常陪着他们，并借机向医生咨询有关育儿方面的知识。根据我的了解，医生和护士们经常建议当地妇女给孩子补钙。在山东省的一个村子，黄树民等学者也发现许多村民都是从医生那里得知他们应当给孩子补钙这一信息的（Huang 1996：335-381）。

补钙建议是针对一个全国性健康问题提出的。根据中国科学技术委员会出版的杂志《中国保健营养》（1997 年第 3 期，第 53 页）的说法，1980 年代一系列的研究发现，中国儿童得软骨病的主要原因是缺钙。在北京，一家卫生组织 1982 年对 1154 个儿童的调查也发现，患有软骨病的儿童达 37%。[①] 针对这些调

① 令医学权威们感到困惑的是，众多被调查的孩子会根据医生的建议去补钙，而在很长一段时间内，中国医学界的一个共识是使用维生素 D 来促进钙质的吸收；但过量食用维生素 D 也产生了严重的后果，尤其是维生素 D 中毒引起的呕吐、头痛、困倦、食欲不振、腹泻和软组织硬化等问题。1989 年，有一家卫生部主管的报纸提到了缺钙的另一个可能原因。这篇报道认为，中国最流行的钙片——葡萄糖酸钙（一种钙盐）和乳酸钙（一种钙替代品）——其钙含量分别仅有 9% 和 12%。40 年来，制药厂都标错了每板钙片的钙含量。事实上，每板钙片的钙含量只有其标注的十分之一（参见《中国健康和营养》，1997a：52-53；1997b：52-53）。这则报道不仅改变了钙片容量和数量的标签，而且影响了浓缩钙片的产量。

查结果，卫生部发布了关于儿童缺钙的公告，并多次向全国医疗机构发出指示，要求它们宣传现代营养学，帮助提高儿童的健康状况。这之后，中外合资的制药公司也开始以进口技术大批量生产补钙品和各种维生素。[①]

政府解决儿童健康问题的决心与独生子女政策直接相关。1979 年到 1980 年正式施行该项政策时，中国政府意图在所有城市里推行，最终又扩大到了农村地区。在解释为什么该政策是必要的时候，政府设法使大众相信：我国不仅人口太多，而且“人口质量”急需通过“预防优生学”来提高。这意味着必须禁止智力迟钝者、近亲和患有遗传病的人结婚，以避免带有严重疾病的婴儿出生。并且，“预防优生学”具有科学根据，采取优生措施有很多好处。这些措施包括选择生理和心理都健康的婚姻伴侣、婚前检查、怀孕时间的安排和产前检查，以及怀孕期间的身体锻炼和营养摄入，让胎儿听音乐及其他有益婴儿健康的措施。[②] 为说服大众服从计划生育和预防优生学的要求，增强下一代的体质，政府后来又发起了一系列的宣传活动推销“优育措施”。这些措施包括自愿研究儿童心理、测试儿童智力、对

---

① 比如上海施贵宝就是一家中美合资的企业。1996 年该公司维生素片的产量是 9 亿片，占据了中国维生素片市场的 20% 和复合维生素片销售量的 80%（Sun Hong，1996）。

② 起初为了倡导宣传，预防优生学被写进了《母婴保健法》。这项 1994 年通过的法律使得婚前医学检查成为每个公民的义务。婚前检查是为了发现三种不宜结婚的疾病，即：严重的遗传性疾病、法定传染病和急性精神障碍（Li Bin, 1995: 13-16）。如果基因和体细胞问题非常严重，那么医疗机构就会让患者采（转下页）

哭闹的儿童做出适当反应、决定适宜的睡眠安排，学会喂奶、断奶和营养喂养方法。而推销“优生娃娃”的常用途径则包括了广播、电视、黑板报、工作单位会议、社区和报纸专栏、大众杂志，以及托儿所的家长会。

政府反复强调，农村迫切需要“优生”的“科学”方法。这一观点也反映在一次全国范围内征文比赛后出版的一本书中（Guo, ed., 1991）。国家家庭计划委员会、卫生部、全国妇联和全国爱国卫生运动委员会组织了这次征文活动，选择、编辑和出版获奖作品的具体工作则由中国科学技术协会、中央电视台、广播电台、中国医学协会和三家在大众健康方面最主要的报刊和杂志社承担。

获奖征文讨论的课题范围非常广泛，包含了从怀孕、遗传疾病和疾病预防到婚姻习俗、母乳喂养和儿童食品等众多议题。中国医学协会收到了一万余封信和两千篇文章，其下属大众科学学会负责对这些文章做出评估。最后，中央电视台通过一个颇受欢迎的“卫生与健康”节目通报了获选的作品。组织者声称，有 10 亿人观看了这个节目，刊载获奖作品的报纸和杂志发行量超过了 100 万份。据悉，获奖作品的作者们“大多来自基层工作单位”，这表明他们主要是医务人员、计生干部和在国家

（接上页）用长期的避孕或者输卵管结扎措施来确保其不育；否则，夫妻俩将被禁止结婚。即使一对夫妻顺利通过了婚前检查，产前检查也是一项义务，其目的在于一旦发现胎儿患有严重疾病时就要让孕妇终止妊娠。这项法律默认了在全国范围内实行婚前医学检查需要一段时间。

机关工作的儿童护理专业人员。集结这些文章的书最后由中国人口出版社出版，总计90篇短文中有三分之一讨论的是农村地区的育儿问题。

此外，发表的文章中有十篇以营养为中心议题，其中三篇批评了农村地区一类想当然的普遍看法，即孕妇要生出健康的婴儿就必须吃大鱼大肉。有一篇文章将一个男孩的弱智归咎于其母亲在怀孕期间吃了过量的肥肉。这篇文章认为，婴儿在她腹中长得太大以至无法自然分娩，为此医院不得不进行剖腹产，但在此之前婴儿已经因为严重缺氧而脑部受损。

另一篇关于怀孕期间饮食过量的文章举了一个叫小明的男孩的例子。除了有兔唇之外，这个孩子在出生时一切正常。小明的母亲告诉医生，她对孩子的畸形很困惑，因为自己严格遵守了生育守则的指导。在询问了她怀孕期间的饮食之后，医生得出结论，她儿子的兔唇是由怀孕期间食用过量鱼肝油导致的。这就是说，她摄取了太多的维生素A。

给孩子喂过量食物的行为也受到了批评。比如有一篇有关巧克力的文章批评许多农村富裕家庭给孩子吃太多的巧克力，还把它当作营养食品。作者指出，巧克力富含糖、热能和铁，因而不适宜幼儿（尤其是超重或牙齿不好的儿童）大量食用。另一篇文章则批评了农村父母为增进幼儿健康给孩子吃补药的问题。该文提到一个幼儿园的男孩因为喝了四个月的花粉口服液（一种从花的雄蕊中提炼出来的补品），出现了“性早熟”的病征：阴茎在未受刺激的情况下经常勃起。还有一篇文章谈到一位祖母给她四岁的孙子喝自制的人参汤来医治孩子的咳嗽，让他恢复元气。结果是孩子的鼻子和嘴同时开始流血，家人不得不赶快把他送到医院。该文章的作者指出，上述例子并不是一个孤立的个案，他认识的一位果农就为孩子买了多达 11 种的补药。

乍一看，这些文章都在强调物极必反的道理；与此同时，作者们还在极力谴责农村普遍存在的对科学无知的现象。一位乡村医生也表达了相同的看法，他记得之前村子里曾经两天内死了三个新生儿，这引起了村民们的恐慌。但在这位医生看来，这些婴儿的死因都是维生素 B 不足——这是因为自打村里有了电动打谷机，他们的母亲就以精米作为儿童的主要食物。

这些文章对科学营养方法的宣传伴随着生动的渲染，包括孩子性早熟问题的传言、乡村婴儿神秘的死亡，以及吃过多食物的危害。通过引起大众的焦虑，这些文章提醒那些对政府科学育儿宣传漠不关心的人：这些问题也和你们有关。最主要的是，这些文章提供了一种可以说服群众改变其自身行为的文化权威。与强硬的计划生育政策相比，这种对科学育儿方法的宣传并没有使农民感到威胁，相反把政府的理想与个人的关注巧妙地结合了起来。通过用现代医药科学教育农民如何育儿，计生政策被描述为“优生”的第一步，而这第二步就是“优育”了。如果生育家庭能够切实完成这两步措施，他们生的宝宝一定会是“优生、优质”的孩子。通过这些宣传，现代科学被描绘成对家庭有益的终极标准，而政府则具备现代科学和儿童福利同情者的身份。

宗教：另一种文化权威力量

要弄清国家政策是如何影响大川人，就不得不提及大川村的上级行政机构永靖县政府在 1980 年代早期对村民实施的计划生育规定：每对夫妇不能生育超过两胎，两胎之间的间隔为三年。尽管该规定受到当地农民的广泛抵制，永靖县年出生率还是急剧下降。1979 年，该县的人口出生率为 17‰，1982 年下降到了 13‰。而到了 1992 年，人口出生率只剩下 10‰。生育率显著下降的一个关键因素是县政府把本地医生、干部和警察组织成工作组来执行避孕药使用、出生限额、生育时间差，以及对已生育两个或以上子女的妇女实施节育手术。[①] 与此同时，县

① 这个特殊工作组的成立就是为了防止非法生育，或者如当地政府所称的“黑孩子”。这也就是说，农村妇女已经有各种不同的方法来隐瞒她们的怀孕，隐藏她们超生的孩子。人们通常采用的做法是把女婴送到其他村庄的亲戚那里去喂养，等到她们的弟弟出生几个月后才被带回大川。如果这些女孩被发现了，那么其父母的标准托辞就是她们的母亲在家工作太忙了，只是暂时放在亲戚那罢了。由于不同村庄之间的计划生育官员缺乏沟通，他们很难辨别这些女孩的出生是否合法。对于一个干部来说，如果这些女孩是从一个乡镇的村庄被送到另一个乡镇的村庄，他就更难弄清楚她们是否为合法出生的了。当县级部门将乡镇一级的村庄资料都汇总起来时，这个监管上的漏洞就逐渐补上了。也因此，永靖县不同乡镇的计生干部能够共享生育信息了。

政府也不断地给乡级干部施加压力，指示他们投入更多的时间和人力去贯彻国家的农村生育控制政策。县政府还把乡领导的晋升与其辖区的生育率降低关联起来。职务晋升与人口控制之间的联系导致了地方干部对超生村民的严厉处罚，乃至常常采用在经济上重罚、没收财产等手段。然而在村民眼中，最严厉的惩罚还是强迫那些没儿子的女人节育。

在大川，人们对县政府的粗暴措施十分反感。1997 年，大川村是一个有着 3600 人的社区。当地的孔氏家族不仅在政治上，也在人口数目上控制了这个社区（占据当地人口的 85%），并自称是孔子的后人。孔家人严格遵守同姓外婚制，即大多数孔家的女儿外嫁到其他村子，只有少数孔家姑娘嫁给本村的杂姓人家。由于女儿的离去，儿子成为年老父母养老的唯一指望。在我写作本文时，大川仍然没有建立起养老金或医疗保险制度。在这种情况下，老年人的社会保障就是至少生一个儿子，通过教育把他培养成一个对父母具有强烈责任感的人；与此同时，他还必须身体健康，以便将来能够照顾年长的父母。子女对父母的这种义务实际上是中国家庭体系的道德基础。正如石瑞（Charles Stafford）所言，在中国，父子关系遵循着一个看似简单的定则：首先，一对结了婚的夫妻必须抚养孩子；然后，孩子必须奉养父母。这两个案例中，汉字“养”的原意就预设了“养育”应当是一种互惠的行为。当这种行为中断的时候，家庭也就分崩离析了（Stafford 1995：77-111）。

在永靖县，独生子女政策首先是从城镇居民开始实施的。

由于害怕这一政策会扩展到农村并威胁到老年人的社会保障和家族的延续，大川的农民纷纷开始修建庙宇——尤其那些与生育有关的庙宇。大川村过去有六座寺庙，但都在1960和七十年代遭到了破坏。1982年，由于中央政府采取了较为宽松的宗教政策，宗教热在随后的几年很快席卷了农村地区（参见Cai 1992；Anagnost 1987：147-76；Harrell 1988：3；MacInnis 1989；Luo, ed., 1991；Shen Zhiyan and Le Bingcheng 1991），带来了寺庙的重建和大规模庙会的复兴。到1998年，大川六座寺庙中的五座已经得到重建：一座在村中，是为纪念孔子和当地孔氏宗族更近的祖先而建的孔庙（参见Jing 1996）；另外四座建在村后的山上，供奉了七位神灵，其中六位是娘娘。每一位娘娘都与生育有关。山顶是金华娘娘庙，司管降雨兼顾送子；山腰是百子宫，为三霄娘娘而建，她是中国很多农村地区都信奉的生育神；山脚是一座佛寺，供奉着大慈大悲的观音娘娘——观音因其助人生养的力量而闻名，人们也深信观音有创造很多其他奇迹的能力；通向山里的一个小径入口处是方神庙，里面供奉金华娘娘、杨朗将军和九天玄女。杨朗是治水之神，而九天玄女对祈求病妇和婴儿康复的人尤为应验。[①]

---

① 就生育愿望而言，在大川最受人们欢迎的神是三霄娘娘（云霄、碧霄、琼霄——译者注）。人们用丝绸长袍装饰与她们高度相同的彩绘泥像。三霄娘娘神像身后是一群着装类似小男孩的彩绘泥像。这些泥像要更小些。两根绳子下面摇摆着当地妇女所做的刺绣帘布，上面有象征生育与幸福的图案。其中一种常见的帘布形如莲花，其外部呈现出孩童的形状。它象征了刺绣工们有（转下页）

在这儿座庙宇中，方神庙内的两副药方充分体现了宗教和健康之间的密切联系。一副药方是专门给男性用的，另一副则是给妇女和儿童的。每副药方都有50首诗，每首诗都有一个序号，诗文下面都有一道传统中草药药方，病人或其家属可以通过一个简单的求签仪式选出药方：上香后，求签者先拿起装有竹签的签筒，每根签上都有一个标号，从1到50；抽签时，求签者用双手握签筒，向上晃动，直到有一根签掉在地上，签上的号码就是要找的药方号码；然后，求签者可以在对应的药方册子内找出与抽出签的号码对应编号的诗文，从而确定查找到该药方的内容。如果求签者是文盲，可以请庙管抄一份药方带回家。根据我在该寺庙的观察，妇女和儿童药方册子的使用频率要比成年男子的高。

该寺和山上供奉六位女神的其他寺庙都在成人（尤其是妇女）育儿方面发挥着非常重要的作用——这还不仅仅是因为庙里有两本药方册子。[①]人们认为寺庙里的供品是神保佑了的食物，它们对生病的儿童和成人都有疗效。认为供品具有神性这一观念来源于人神互动的民间信仰。寺庙的仪式表明，神有赖于定

（接上页）生育更多儿子的能力。其余刺绣的帘布描绘了程式化的花朵、植物、昆虫和动物，我们可以从村庄儿童的围裙、衣领、鞋和帽子上看到这些基本的设计。庙宇的刺绣帘布被认为是受三霄娘娘保佑的，人们给香火钱就可以得到它。在它们被带回家之后，帘布通常会被放在新婚夫妇的棉被上，或者缝在他们的枕头上。据说这些幸运的护身符会让这对夫妇很快就能生个男孩。

① 为了确保孩子（包括男孩和女孩）都能平安度过不稳定的婴儿期和童年，父母会持续拜访这些庙宇。

期的膜拜和供品以保持其神力。因此，当供品固定充足时，祈求者就希望可以从神那里得到回报，包括从寺庙带一些供品回家。这种互惠关系的观念通过很多形式表现出来，比如说进香者就经常在寺庙里被告知，他们应该带一些供品回家让孩子吃，以保平安。

但就儿童饮食而言，最重要的宗教活动还是农历每月初一和十五参加集会的老年妇女给出的食疗建议。这些老年妇女通常是这类宗教集会最积极的参与者，她们常常花很多时间在庙里，有时甚至是一整天，在那里烧香、聊天、唱赞歌、打扫清洁或整理刚刚送上山的供品。这些经常举办的寺庙集会，使村子里的老年妇女有固定的时间和空间把她们的育儿经验传授给那些到寺庙里来祈求女神帮助的青年妇女。在大川这个村庄里，人们通常依据自身的亲属关系和特定的人际关系选择性地参加一些社会活动（比如婚礼、葬礼、宴会、扫墓、祭祖仪式和生日聚会等），但半个月一次的寺庙集会却是为数不多的一项全社区活动。正如人神之间的互惠关系，青年妇女从老年妇女那里获得育儿建议后也要给予回报——比如她们要搬运砖头上山修建更多的庙堂。

针对儿童身体不适的症状，老年妇女通常的反应是立即改变他们的饮食。她们会建议年轻母亲让消化不良的儿童喝用萝卜片、姜片和瘦猪肉熬的汤，或者喝加干枣和红糖的小米汤。另一种治疗方法是用平底锅将萝卜籽和山楂片碾成粉，经过烘烤后倒入小米汤中，然后再让生病的孩子喝下。着凉的孩子应该喝用姜片或洋白菜根煮的开水；对于发烧的孩子，她们常推荐用绿豆、莲子和芦苇根熬的热汤。得钩虫病的孩子应该空腹吃生南瓜籽、葵花籽和黑丝瓜籽，如此等等。有一点需要指出的是，所有这些民间药膳利用的都是当地生产的、使用者买得起的原料。

值得注意的另一点是这些药膳与传统中药之间的关系。中医习惯上将食物分为“五味”（辣、甜、酸、苦、咸）和“五气”（热、寒、温、凉、平）。人们认为这些不同的味和气可以在人体中产生不同的效果。要出汗可以食用辣味的食品，比如姜、葱、胡椒。油腻食物吃多了，可以用“凉”的食物来调节，比如竹笋、水栗子和苦瓜。但利用这些廉价食物来进行医学治疗还是需要村民们对这些食物的药用价值有一定的了解。[①]

还有必要指出，中医是建立在宗教的基础之上的，因为它与传统中国的阴阳观念密切相关：热和冷、白昼和黑夜、男和女、正和反等基本的二元力量均与阴阳观念有关。如果阴阳能操控自然秩序，它们就能够施加力量于人体及它所消耗的东西。为此，传统中医将食物的五味和五气归为阴阳两类：凉和冷是阴，热和温是阳；酸、苦、咸是阴，辣和甜是阳。一般民众，如大川村民，并不能完全理解阴阳理论，不一定知道为什么不同食物被归为不同类型的确切原因。但他们对特定调料、蔬菜、

---

① 关于食疗法和传统中医的关系，参见 H. Lu（1986,1994），Stafford（1995：79-111），Anderson（1988：299-43）。

水果、瓜、药草和谷物的医疗效用多少有些意识。这一意识来自生活中的中医实践、与邻居的谈话、在寺庙祈求病愈，或是那些用过传统食物疗法后康复的邻居。食物疗法、食物分类和阴阳理论之间的关联暗含了一种传统信仰体系赋予中医在农村育儿领域中的文化权威，并对特定食物的药用选择和儿童疾病的处理产生了深远的影响。

市场：业已崛起的文化权威

1985 年，大川村仅有 4 台黑白电视机。1989 年我初次到该村调查时，大川有了 4 台彩电和 86 台黑白电视机。1992 年底，大川有 12 台彩电和 107 台黑白电视机。这意味着近 1/6 的当地家庭可以在家接收来自北京、兰州和甘肃天水的电视信号。到了 1997 年夏天，大约 1/3 的当地家庭有了彩电。尽管大川是一个非常偏远的村落，电视却将当地儿童的社会化进程与整个社会的商业化联系了起来。每晚新闻联播以后，每个家庭中常常是两三岁的儿童来决定下个节目看什么、什么时候换频道。1997 年，一位当地教师在接收采访时说，小学生每晚花三个多小时看电视。六岁以下尚未入学的儿童花在电视上的时间更多。对这些儿童而言，电视的作用就像是城市里的小保姆。当白天父母和祖父母忙碌时，他们就让孩子留在家里看电视。

牙齿尚未长全的孩子现在成了家中电视食品广告的代言人，

他们对什么好吃的看法有时与父母或祖父母的截然不同。就以大川儿童吃便宜方便面为例，大川的儿童吃方便面时不下水煮，而是掰成小块干吃，仿佛它们是更贵的饼干。1997年当我访问大川时，一位母亲向我抱怨说，她三岁的儿子宁愿干吃方便面也不吃她做的面条。“但我怎么能骂他呢？”她继续说：

> 看到人家的孩子吃康师傅，他也想吃。从电视上看来的，他认为所有的妈妈都为孩子买康师傅。如果我不买，他就哭。这孩子脾气很倔，一哭就喘不过气来。他爹看到他哭成这样就生气了，怪我管得太严厉。他越这么说，我就越生气，然后就和他爹吵起来了。

这位母亲所提到的康师傅方便面是由台湾顶新国际集团生产的。1997年，这家公司的销售额已经超过50亿人民币，占领了中国超过1/4的方便面市场。尽管在1996年中国媒体报道了有些批次的康师傅方便面没有达到政府的卫生标准，铺天盖地的广告已经掩盖了任何不良的公众效应，有效的销售网络也让其保持了丰厚的利润增长势头。这似乎一点都没有让顶新集团的业务受到影响，1996年它投资了3000万美元扩展生产线，将其在中国的补贴增至42级。[①]

除电视广告外，当地儿童的商业食品消费还受到村里商店

① 这个数据摘引于新华社（1997）。

的影响。在过去，大川村民只能到附近一个以一家肥料厂为中心的市场购买商业食品。1992 年，该村的第一家杂货店开业了。次年，又有三家商店开张。到了 1997 年，大川共有 12 家商店，这些店主充分意识到儿童食品有利可图。1995 年，我询问四位店主是否在卖或者曾经卖过儿童食品和儿童营养品，他们毫不犹豫地说出了 18 种：娃娃素、娃哈哈、蜂王精、人参口服液、花粉口服液、鱼肝油、橘子汁、巧克力、奶粉、杏仁露、冰激凌、藕粉、口香糖、麦芽乳、甜果冻、鱼片王、牛肉干、维生素 C 和方便面。

虽然娃娃素和娃哈哈是儿童营养品中最为知名的品牌，但儿童们也购买消费其他商业食品。1989 年我在大川调查时店主们提醒我，那儿还没有娃娃素、娃哈哈、蜂王精、巧克力、冰激凌和方便面。当第一家商店开始卖一些儿童食品时，这些商品开始大量进入大川。第一家小店的儿童食品销量一般，但因为有利可图，其他商店也跟着卖起来——在所有商品中，烟酒的获利最高，其次就是儿童食品和饮料；盐、醋、酱油和食用油的销量也较大。

1997 年我再访大川时，先前的几位店主告诉我，他们储备了少量当地儿童和父母通过电视熟知的相对较贵的补品，比如娃娃素和娃哈哈，但还是价格便宜的儿童食品销量好——儿童们很容易受电视节目的影响，但由于广告中出现的食品和饮料价格太贵，许多父母在通常情况下并不会给孩子买那些食品。配合他们自身的购买力，这些父母会选择在商店里买最便宜的食品，如方便面。他们只能偶尔满足孩子对电视广告上那些食品的渴望。

与本书郭于华、伯娜丁·徐所分析的城市儿童的消费行为不同，大川儿童的兜里很少有零花钱，他们也不能每天吃商业食品。他们对家庭食品消费选择的影响力也远远小于城市儿童。我对大川 30 名六岁儿童的调查发现，他（她）们的父母认为孩子对家庭饮食选择的影响不大。在调查这些孩子 24 小时内所吃过的食品时，我发现他（她）们吃的主要食物包括马铃薯、小麦和玉米，并辅以少量的蔬菜、方便面、梨和西瓜。没有一个孩子在 24 小时内吃过肉，同时只有 3 位母亲允许孩子在调查前一天到村里的商店买零食。

我在田野点里还有两项更深入的观察。首先是在那年的大部分时间中，这些孩子差不多一个月只能吃两次肉。但在春节前后的两个月，由于各家各户都杀鸡宰羊，他们的肉制品消费量也随之大增。第二点观察是，大多数的孩子每周至少会买一次商业食品和软饮料。此外，父母会在特殊的时机允许孩子购买商业食品。比如在小麦收获季，忙碌的父母和祖父母就会给孩子一些零钱去买村里的商店买零食，特别是方便面。当孩子患了一些小毛病，如皮疹、低烧或者手腕骨折时，他的父母也会去商店里买些糖果和饮料，有时甚至是非常昂贵的牛肉干，作为孩子生病期间的特别待遇。此外，孩子生日是另一个购买商业食品的时机。

尽管孩子们想吃的和能吃到的食品之间仍有相当大的差距，

乡村商店的激增和电视的普及把大川孩子和崛起中的中国商业主义文化联系在了一起。这其中，电视广告的影响尤其值得一提。在此之前，从未有一代农村儿童是看着电视长大的，并受到商业信息的狂轰乱炸。这样一种相对新的人类生存方式并不仅仅存在于大川，中国的大江南北都概莫能外。在 1958—1978 年这 20 年中，中国电视从不播放商业广告——中国最早的电视广告是 1979 年的一个关于酒的广告（Chen pei'ai 1997：80）。从八十年代初开始，商业广告开始定期出现，但多以推销机器设备为主。到了九十年代初，个人消费成为电视广告的首要主题。电视广告作为一种新的文化权威，其明显的标志是幸福观念的物质化。以儿童食品为例，商业广告将食品和高智商的成就、家庭和睦、身体健康以及童年的欢乐联系起来，从而建构出一种"消费等于幸福"的观念，比如食品广告就常常援用婴儿和学龄儿童在家中、家庭郊游和生日宴会中吃流行食品的场景。在乳制品、富含维生素的谷类食品和助消化的滋补品等婴儿食品广告中，广告商常常依靠可爱的婴儿、影星和体育明星来表现吃流行食品的乐趣。这些儿童消费商业化的尝试证实了人类学家艾戈·科皮托夫（Igor Kopytoff）的观点："商品生产是一个文化生产和认知的过程：商品不仅在物质上被制造成消费品，而且在文化上被标识成为一种确定的事物。"（Kopytoff 1988：64）更明确地讲，大众消费的生产必然伴随着"文化产品"（包括观念、象征符号、形象、期望和知识）的制造，其目的是非常清晰的，即说服人们接受这样一种特定的文化权威类型——支持某些对个体幸福来说很重要的商品消费。像世界上的其他地方一样，中国的电视广告是销售作为文化产品的食品的理想媒介，因为它有能力触及广大的农村地区——尽管每个农村家庭的购买力有限，但就其绝对数量而言却是一个巨大的市场——中国每年有差不多2000万的新生人口，其中大部分出生在农村家庭。

结论：权威、冲突与合力

我对大川的研究表明，当地儿童的食品消费展示了国家权力、商业利益和民间宗教之间的互动效应。上文的描述揭示了大川人在如何抚养健康儿童的问题上至少面临着三种不同的（有时是冲突的）文化权威类型，包括国家倡导的现代科学、民间宗教、及其电视广告传送的市场信息。中国政府赢得民众对其人口政策支持的主要方式就是展开宣传攻势，证明其促进儿童健康的方针政策是符合现代营养学和医学原则的。与此相反，村民对（女）神的崇拜展现了一种截然不同的文化权威；人们希望能够透过超自然力量来消除分娩和育儿过程当中的不确定性。在民间宗教的影响下，针对患病儿童的传统食物疗法通常使用较为便宜的自制食品；而电视广告则提倡通过消费相对昂贵的、由工厂生产的商业食品来获得个人的幸福。作为一种发展中的说服艺术，中国的电视广告已经偏向了食品加工业，它代表了另一种形式的文化权威。这种文化权威通过传递商业信息，反复地向民众灌输这样一种观念：幸福、健康的童年是由购买一般生活消费品（特别是工业生产的食品）所决定的。

以上讨论并非旨在证明上述三种文化权威互不相容。由于某些重要的原因，这三种权威力量在大川恰恰可以兼容。这些原因包括：首先，人们希望至少有一个后人能够延续家族的香火；其次，大川坚守着“从夫居”的居住形式以及同姓不婚的传统—也就是说，大川的男人多能留居本地，而女人却大多远嫁他乡。大川人民不愿背弃传统，但这个理由并不能孤立地解释从夫居与同姓不婚的现象为何能延续至今。官方的户口登记制度将年轻人束缚在各自的家乡，这使得农村地区的习俗得以延续。这样厉行此项制度的时候，地方官员的考虑是：如果允许年轻人随意迁至他村，当地居民就会担心自家土地被外人夺走，这无疑将引起骚乱，并进而成为政府的负担。这种担忧并非没有道理。此外，大川村缺乏社会福利资源，没有中国城市里那样的退休金和医疗保险制度。婚后仍愿留在家乡的年轻人（尤其是男青年）是他们年迈父母的唯一依靠。

在这种情况下，父母一旦上了年纪，孩子是他们唯一的指望。这就要求大川的父母格外留意对成长中的孩子进行思想意识控制，以期建立父母与子女间的双向依赖关系。在此我要强调，大川村并不是一个特例。在中国的农村地区，男孩仍被父母视为最好的投资项目，因为人们对其老年生活的保障仍然十分担忧。

最后，我们可能要问，影响儿童健康和饮食的传统信仰和实践是否会很快消亡？毕竟现代营养学有政府机构的强有力支持，并通过大众媒体在全国范围内传播；而商业机构也在努力培养一种以消费为中心的、世俗化的幸福观念。这两种文化权威及其代理机构都对普通民众有着巨大的影响力。然而，对台湾和香港社会的研究表明，传统中医及其健康理念有足够的生存和持续发展的空间来面对现代科学和商业化的挑战。医疗人类学家凯博文（Arthur Kleinman 1980）在台湾的研究发现，93% 的病人对付疾病的第一步是改变自身的饮食结构。这一策略选择通常是由病人或者家属自行作出的，其理据还在于他们对传统医学的认可和接受。在安德森（Eugene N. Anderson 1988：230）观察的香港病人中，选择改变自身饮食结构的比例比台湾还要高。在中国大陆，传统的医疗信仰在近期内也不存在消亡的危险。恰恰相反，有相当多的人仍然非常珍视这些传统的医学知识和实践；改革时代大众宗教的复兴又再度加强了这些知识与实践的认知基础和文化权威。

（李胜　译）

第7章

爱婴医院和育婴科学

高素珊（Suzanne K. Gottschang）

在当代中国，当人们越来越多地采用非母乳喂养的方式来哺育婴儿时，母乳喂养的重要性却被重新发现了。在这个重新发现的过程中，中国政府对母乳喂养优越性的宣传发挥了极为重要的作用（Chen Ya 1996：15-16）。然而，这一官方的宣传也面临着来自跨国经济势力的挑战。雀巢和博登等国外婴儿奶粉企业如今已经成为中国奶粉市场里的领头羊（Eurofood 1996：3）。

在本章中，我将探讨爱婴医院这样一个产前护理单位，如何成为母乳喂养和商业化渗透到婴儿养育领域后加以竞争的一个场域。[①] 通过对北京市一家爱婴医院的实地考察，以及对另一些医院的多次探访，我将揭示一个具有讽刺意味的现象：虽然法律限制营销母乳代用品（如配方奶粉等），国外婴儿奶粉企业的广告却已公然地出现在中国城市的医院里。我的核心观点是双重的：一方面，中国政府对母乳喂养的宣传确实产生了一定

① 在此我要感谢凯伦·特纳（Karen Turner），景军和乔治娅·古尔丹（Georgia S. Guldan）对本文修改所提的意见。

的效果，它促使人们遵从医学权威就婴儿护理方面的指引；但另一方面，商业势力对中国医院的渗透也侵蚀着政府推行母乳喂养举措的成果。[①]

科学与爱婴医院工程

从 1992 年开始，中国政府与世界卫生组织（WHO）、联合国儿童基金会（UNICEF）合作，将超过 4957 家城市医院纳入“爱婴医院”的国家工程中来宣传推行母乳喂养。根据世界卫生组织和联合国儿童基金会的说法，组建爱婴医院是为了通过重新制定产房和产科诊所中的就医流程、空间和知识来达到促进母乳喂养的目标（UNICEF Beijing 1992）。这一工程可视为中国对日益降低的母乳喂养率和周期的一个回应。尽管早在改革开放以前，中国政府针对母乳喂养的扶持政策已经出台，北京市产妇以母乳喂养新生儿周期达到 6 个月的人数占产妇总人数的比例已经从 1950 年的 81% 下降到了 1985 年的 10.4%（Zhu 1994；Yuan 1997）。在全国范围内，截止 1990 年，这一比例已经下降到了 30%（Chen Ya 1999：15）。但当爱婴医院工程开始之后，这一趋势似乎开始逆转。根据官方 1994 年的数据，在中

① 医院以外奶粉企业的广告宣传也对妈妈们选择使用它们的产品有所影响（Xun et al. 1995）。

国大中城市里，产妇采用纯母乳喂养新生儿达到 4 个月的比例已经上升到了 64%（Yuan 1997）。

接下来我将探讨母乳喂养宣传当中所使用的科学话语，并解释为什么婴儿奶粉可被视为“商业意识形态的承载体”（M. Lee 1993：39）。不论是采用母乳喂养还是使用婴儿奶粉，中国城市妇女的选择都不是孤立于社会情境的。她们作为社会个体，都面对着国家计划生育政策对新生儿健康的关注。这一政策强调独生子女的健康既关系着每个家庭的幸福，也与中华民族的未来紧密相连（Anagnost 1995）。与此同时，这些城市妇女的社会文化背景使她们无可避免地成为社会变迁的参与者——在面向市场转型的中国社会中，是否能够吸收科学文化知识、消费科技产品是衡量一个社会成员是否“现代”的标准——生活在这样的社会氛围中，妇女们也被卷入商业消费的潮流中。

女性选择某种特定的喂养方式是一个复杂的决策过程。对城市医院中孕妇产前保健的考察将有助于我们了解这一决策过程的某些方面。考虑到个体与机构之间的关系，我将在本文中探讨在城市医院的场景中，科学的观念是如何被用来促进母乳喂养的——这其中，尤其是奶粉企业如何利用科学观念来推销它们的产品，以及孕妇们对这些推销活动的回应。

最后我想强调孕妇在产前保健过程中的一个关键场合：通过出席母乳喂养教育培训班，并阅读培训班上分发的外国奶粉企业的宣传册，这些孕妇感知到了婴儿科学喂养的重要性。我将集中讨论两位女性对自身选择外国奶粉品牌或采用母乳喂养的理由陈述。我的分析试图展示，在婴儿养育的领域中科学和商品的使用如何（同时为何）构成了“反思和再生产社会关系的基础”（Good 1994：113）。在详细讨论这些问题之前，我还想介绍一下为何将自己的研究聚焦在医院之内。

这样做主要有两个目的。首先，我所研究的 30 位女性都在同一家医院接受产前保健和产后护理，因此她们在接触医院对婴儿喂养的表述和实践问题上具有相似性和延续性。这种对同一地点中人们的社会经历的分析对都市人类学的学者而言尤为重要。由于城市里的人总是不断地与不同的社会和文化语境发生联系，许多因素都有可能参与塑造女性在医院当中的经历，以及她们自身对这一经历的理解，但她们至少都曾身处同一家医院的环境之中。这一共同地点为我的研究提供了比较这些女性经历的基础。其次，将研究聚焦于医院的场景内使我得以与许多妇产科内的孕妇进行交谈。我经常陪她们去上母乳教育喂养培训班或进行体检，偶尔还有其他一些在医院中进行的活动。也是在参与这些活动的过程中，我目睹了她们在收到有关婴儿喂养的文本、图片和信息时的反应。这些经历也在我此后对她们的访谈过程中引发了许多即兴的交谈和评论。

除了方法论上的考虑以外，一些学者的研究已经发现医院是影响、塑造或改变女性是否进行母乳喂养选择的重要场所（Hull et al. 1989；Popkin et al. 1986）。一般而言，学者们认为发展中国家的城市医院不鼓励女性选择母乳喂养，因为产科病房的日程和实践经常将母亲和孩子分离，因而减少了母乳喂养的儿率（例如 Van Esterik 1989）。此外，医院也被认为是传达何为“现代的”与“科学的”哺乳方式的中心场所（例如 Jelliffe and Jelliffe 1981）。根据研究卫生和健康问题的经济学家白瑞·波普金（Barry Popkin）及其同事的说法（1986），第三世界国家女性选择非母乳喂养方式通常是因为给她们医疗服务的医务人员自身就缺乏有关婴儿所需营养方面的知识；与此同时，他们对母乳喂养又持有负面态度。在这种情况下，鉴于很多病人都把医务人员当作自己的行为榜样，她们不采取母乳喂养方式的行为也就可以理解了。此外，婴儿食品工业也对她们的决策有不小的影响（1986：9）。[①] 在本文中，我首先会描述婴儿喂养方式是如何与作为爱婴医院工程一部分的科学意识形态相互联系起来的；其次，我会讨论跨国企业又是如何推销他们自认为“科学的”婴儿配方奶粉的。在这里，我主要透过考察作为产前保健活动一部分的母乳教育培训班的运作来回答上述问题。[②]

我所研究的北京爱婴医院是中国爱婴医院整体工程的一个缩影。[③] 根据中国卫生部袁晓红（音译）（Yuan Xiaohong 1997）的说法，自从 1992 年爱婴医院工程启动以来，近 80 万的产科

① 中国的研究者也认为这些因素对导致了中国城市里母乳喂养儿率的降低，见 Wu Kangmin（et al. 1995）；Xun（et al. 1995）；Liu Liming（1993）。

② 关于这部分更详尽的讨论，参见我的博士论文 Gottschang（1998）。

③ 学术交流委员会在 1994 年至 1996 年期间为我在中国的博士论文调查提供了资金支持。我要感谢预防医学学院营养和食品卫生研究中心的葛科友主任和常莹博士（音译），他们为我的调查提供了许多帮助。

医师、妇科专家、儿科医师、护士、接生员、孕妇和儿童保健工作者，以及360位乡镇医生接受了母乳喂养方面的教育培训。成为官方认可的爱婴医院需要相关机构落实以下工作内容：在婴儿出生后半小时内将婴儿放到母亲身边母乳喂养；母婴同室居养；为女性提供产前和产后母乳喂养教育培训课程（Xie 1992）。这一工程代表了一项以提高母乳喂养比例为目标的全国性运动，它反映出国家在保护儿童健康方面的特殊角色。然而，这项由国家策划的母乳喂养推广运动未必如其期望的那样有效，部分是由于市场改革导致大量的外国奶粉企业涌入中国。这些企业采取多种市场营销的方法来占据婴儿配方奶粉、孕妇营养产品和儿童食品的市场份额。[①] 它们的商业势力也渗透入原本政府希望藉以推广母乳喂养的爱婴医院。

一家爱婴医院的内景

我大部分的田野工作都是在北京西南部的一家拥有300张床位的小规模医院中完成的。这家医院主要是为这一区域内的居民和一些大型工作单位提供医疗服务。为确保这一医疗机构和受访者的利益，本文使用的全都是化名。当地居民认为这个

① 尽管我曾经联络过许多在华的外国奶粉企业，没有一家企业愿意给我提供它们在华销售和市场营销业务方面的信息。

医院的妇产科的医疗水准和北京市一些更大规模、更出名的医院不相上下，乃至更出色。就在我开始田野调查之际，这家医院刚刚获得了由联合国儿童基金会和中国卫生部联合颁发的爱婴医院证书。医院院方重组了妇产科和产科病房，并为其职工提供专门的培训课程以达到爱婴医院的相关服务标准。

在所有重组工程中，尤其值得注意的是医院院方修缮了产科病房，为孕妇们开设了单人间，同时也取消了将所有婴儿集中在一间保育室里养护的规定。新的规定使婴儿们得以在住院期间都和他们的母亲呆在一起。除此之外，所有在院接受产前保健的孕妇都需要参加三次母乳喂养教育培训，分别由一位妇产科护士、内科医生和儿科医生讲授。这些医务人员负责向孕妇和新妈妈们介绍母乳喂养的好处，并向她们传授具体喂养的方法。

当人们步入这家医院的大门时，他们很难不注意到那块铜制的牌匾，以中英文双语告知来访者这是一家爱婴医院。这块牌匾不仅有中国卫生部的标识，还提到世界卫生组织和联合国儿童基金会是其荣誉授予机构。医院大厅里展示了大量推广母乳喂养的宣传海报。最中央的一幅海报描绘了一位母亲正在给孩子母乳喂养的场景，她的身后站着一名护士。海报题为“帮助母亲们实现母乳喂养”。

医院的妇产科位于一个走廊内，四周有木制的折椅可供病人就座。探望病人首先需要到接待处登记。也是在这里，她们第一次接触到宣传母乳喂养是最科学喂养方式的信息。海报和图片向她们解释了为什么母乳是婴儿们最好的营养来源，最有助于他们的身体和智力发展。妇产科内有一间专门的房间用于产前母乳喂养教育培训，每个怀孕的准妈妈都需要在这里上三堂课。这三堂课的时间安排一般是在她们怀孕后的第四个月、第七或第八个月、以及第九个月时。一般来说，妇女怀孕三到四个月时会来医院检查，在登记和支付小额费用以后，她会得到一张收据，并且会被指示去走廊尽头的那间房间接收产前母乳喂养教育培训。接下来，让我们来看看护士白女士（下面称白护士，她是我在医院中的主要信息提供者）如何在这三堂母乳喂养教育培训课上，动用自己的医学权威把科学育儿的理念传递给准妈妈们。

第一堂课：介绍母乳喂养

白护士欢迎李女士（23 岁，个体商人）的到来，请她坐在自己身边的长椅上，同时出示支付上课费用（3 元）的收据。她记录了李女士的名字、年龄、预产期，并且注明她是第一次参加这类母乳喂养教育培训班。虽然我在本文中使用“母乳教育培训班”这个词，但实际上它们并不是定期举办的，而是随机的：只要有孕妇来，白护士就会给她们上课。完成了李女士的登记工作，白护士告诉她，接下来她们要讨论母乳喂养的重要性，然后会用一个洋娃娃来示范母乳喂养流程和其他婴儿照顾工作。在最后的环节，白护士承诺回答李女士提出的任何有关婴儿护理的问题。做完简单的交待，白护士就正式开始上课了。她首先介绍了母乳喂养对于婴儿身心发展以及家庭经济等多个方面的好处。在她看来，母乳喂养不仅是最天然的、同时也是最科学的婴儿哺乳方式。她指出，母乳包含了婴儿长到四个月大以前所需要的所有营养，同时也具备免疫的特性，可以减少婴儿患病的几率。除此之外，她也提醒李女士，母乳喂养有助于建立母子之间的情感联系，因而也有助于促进孩子的身心发展。白护士还提到母乳能使孩子更聪明。最后，她认为母乳喂养比奶粉或牛奶更经济，后者价格昂贵却不及母乳营养价值高。在介绍完母乳喂养的好处后，白护士要求检查李女士的乳房。在检查过程中，白护士指导李女士如何进行乳房按摩和清洗，以便为母乳喂养做好准备。她示范了乳房按摩的方法，然后让李女士自己试一次。经过几次矫正以后，白护士建议李女士在怀孕期间每天自己按摩乳房两次。这部分的介绍持续了大约十分钟。完成乳房按摩环节，白护士问李女士是否有不明白或者不清楚的地方，李女士说她都明白了，没有问题。

接下来，白护士开始教导李女士在怀孕期间要注意营养摄入。她给后者一本彩印的小册子，里面列数了各类孕妇所需的营养元素。这本小册子是由一家西方奶粉企业制作的，目的是为了向孕妇推销营养保健品。[①] 白护士告诉李女士这本小册子

① 在我田野调查期间，每一位我观察的女性都收到了来自外国奶粉企业制作的营养宣传册。

里包含了很多重要的信息，但她没有必要购买上面推销的营养保健品。只要她的饮食均衡，她就能在怀孕期间获得足够的营养。[①] 在这段对话过程中，李女士说话的频率减少了，白护士也减少了营养保健建议以外的题外话。

在观察其他孕妇和白护士的交谈时，我发现虽然白护士指导她们进行母乳喂养的内容并没有太大的差异，她与不同孕妇互动的节奏却有可能不同。有的孕妇能够和白护士以一种轻松闲聊的方式互动；但有的却不善言辞，只回答白护士的提问，此时她们之间的互动更像是一种说教者与被教导者之间的关系。

白护士告诉我，这第一堂课的主要目的是向准妈妈们介绍母乳喂养的优点，之后的课程则会更多地指导她们具体如何进行母乳喂养，包括如何抱婴儿，帮助他们更好地吃奶，以及如何处理乳房肿胀等母乳喂养过程中常见的问题。当被问及为什么她会给孕妇们来自一家外国奶粉企业的宣传册时，白护士说那主要是因为很多孕妇没有意识到怀孕期间摄入充足营养的重要性。她说医院自己没有印刷类似内容的材料，而那家外国奶粉企业的代表给她免费提供了这样实用的小册子。她认为奶粉企业确实有意通过利用这些宣传册来推销它们自己的产品，它们的这一动机是和她的母乳喂养教育培训目标相冲突的；但另一方面，她认为有必要让孕妇们在怀孕期间获知营养方面的信息。此外，她也提到给孕妇们提供一些像营养宣传册这样的小

① 大多数的孕妇在怀孕期间也服用维生素，但那都是由医生提供的。

礼物会使她们觉得母乳喂养教育培训班是一个不错的活动，可以鼓励她们下次继续来参加。在田野调查期间，我收集了白护士赠送给孕妇们的 16 种宣传册，它们来自三家不同的外国奶粉企业。我会在下文中讨论这些宣传册的具体内容。

第二堂课：传授母乳喂养

又一天，王女士（27 岁，初中教师）来到母乳教育培训教室，自称自己是来上第二堂课的。白护士当时正忙于和另一位孕妇交谈，便叫她坐在长椅上等一等，同时也打开电视让她观看一段有关母乳喂养的录像。我和王女士一起观看了这段名为“母乳喂养”（上海教育电视台 1994）的影片。影片以一个白白胖胖的婴儿镜头开始，一位女主持人告诉观众母乳喂养是婴儿在 6 个月以前最天然和科学的喂养方式，但不幸的是目前还有许多人没有认识到母乳喂养的好处和重要性。屏幕上接着出现一群科学家在实验室里测验母乳营养元素的场景，主持人借此说实验证明母乳包含了上百种婴儿所需的营养元素。屏幕上又出现了婴儿大脑的横切面图，主持人强调这些营养元素都是婴儿大脑发育所必需的。之后，一对微笑的夫妇抱着他们的孩子出现在屏幕上，主持人此时又说母乳喂养也有助于妈妈们产后瘦身和防止子宫感染性疾病。影片上半段的最后还播放了一位微笑的母亲抱着自己孩子的镜头，主持人强调母乳喂养还能帮助妈妈们和自己的孩子建立起亲密的情感关系。影片的下半段展示了一个母乳教育培训班的场景，主持人认为这一培训课程可以帮助怀孕的女性理解母乳的神秘之处：乳房出现在屏幕里，主持人介绍了如何通过乳头刺激导致荷尔蒙分泌进而生产出母乳的过程。

这段影片也表达了医学与母职（motherhood）之间的辩证关系。为使观众体会到这一层关系，影片展示了科学家们在实验室中检测母乳的场景，介绍了母乳里所包含的各种营养元素以及母乳生产的荷尔蒙与心理作用。医学权威在影片中总是以医生和护士的职业身份出现，他们在与病人互动的过程中同时教育男性和女性如何进行母乳喂养，教女性如何以正确的姿势抱孩子和挤奶，并向年老一代的婆婆们介绍母乳的营养价值以便纠正她们认为奶粉喂养更好的老旧观念。影片所要传达的信息是相当清晰的：母乳喂养需要医学（乃至科学）的协助。在更广泛的意义上，这一影片也传达了母亲们需要他人协助以便获得医学知识和抚养孩子的技能。医生和护士是帮助她们实现这一目标最理想的帮手。

至此，我已经描述了这部45分钟长的影片的许多重要画面，这些画面试图向作为观众的孕妇们传达母乳喂养的科学性。接下来让我们看看最后一堂课的内容。

第三堂课：母乳喂养的实践

我参与观察了周女士和另外四位已怀孕九个月的准妈妈出席的第三堂课。在观看白护士用一只乳房模型给洋娃娃喂养后，她们也学着以各种姿势抱婴儿喂奶。在她们模仿训练的过程中，白护士细心地纠正她们的错误。这堂课即将结束时，作为一家外国奶粉企业中国代理人的康娣走进了教室。①

康娣大约三十多岁，衣着考究。一进门，她就和教室里的所有人打招呼，问我们能不能让她介绍一下自己公司生产的营养产品。没有人直接回应她的问题，但也没有人离开教室。白护士让我们各自坐在板凳上，给康娣腾一个空间讲话。康娣从公文包里取出一叠介绍孕妇和产妇营养品的小册子分发给大家，并自我介绍说曾经是一名心脏病医生，为了拓展机会而下海从商。说着她就开始向在场的准妈妈们和白护士推销自己公司的产品，她说：

> 我也是一位母亲，我的儿子今年两岁大了。但我们都知道现代人的生活总是很忙，有时忙到没时间、没精力吃一顿营养均衡的饭。尤其是像你们这样年轻的妈妈，刚刚出生的孩子会耗费你们许多的时间和精力。研究表明许多女性在怀孕期间和产后身体最需要营养的时候得不到充足

---

① 她的名片上除了中文名，还有英文名。她让我称呼她 Candy（此处译为康娣）。

的维生素。我们的产品可以让你们更快更好地得到身体所需要的各种营养元素。

一位女士打断了康娣，说如果自己每天都吃蔬菜、水果和肉，为什么还需要她的产品。康娣回答说，如果一个人能够做到饮食均衡固然最好，但是现代人因为忙碌常常没有时间和精力烧饭，饮食均衡变成可望不可即的事了。康娣说完以后，所有在场的人都看着小册子，没有人提问。过了一会儿，一位女士问康娣她们的公司是否也生产婴儿奶粉。康娣说是的，并认为她们的产品是市场上最科学的婴儿配方奶粉。这时，白护士打断了康娣的话，告诉她这不是她可以讨论的话题。另一位女士转身跟我和周女士说："中国奶粉和外国奶粉一样好。"虽然白护士正好在和康娣说话，康娣还是听到了这位女士的话，正想做出回应，白护士却不让她继续说下去。她让康娣拿一些孕妇营养手册给她，之后就让她离开了。

康娣离开以后，教室里一下子炸开了锅，在场的人都开始讲话。白护士说她们都很健康，没有必要买什么营养产品。刚才那位说中国奶粉和外国奶粉一样好的女士又把她的观点重述了一遍，但另一位女士则说现在中国市场上有那么多的假冒伪劣商品，这样来看很难说中国奶粉能和外国奶粉一样好。[①]

---

① 关于产品质量的担忧在中国是真实存在的。很多假冒伪劣的商品包装都和真品很相似。另一些产品由于所用的材料品质差或者加工程序不卫生，导致产品的质量降低（Chen Ya 1996）。

和我在医院里进行的其他访谈一样，这堂课的内容和康娣的来访给了我很多启发。这些女性在和康娣交谈的过程中表达了对食品质量和安全的持续关注。最近的法律故事和大众媒体报道也揭示了中国消费者买到假冒伪劣商品的几率是不低的。1995 年通过的《食品卫生法》就是中央政府有意解决这一问题的尝试（Kan 1996）。国家工商行政管理总局也发起了旨在对食品生产企业进行产品质量监督的运动（Chen Qiuping 1996）。在我田野调查期间，许多女性也常常跟我谈到她们对中国自己生产的食品和药品安全的担忧。在后文中我将讨论，在面对中国消费者对本土食品失去信心的情况下，生产孕妇营养品和婴儿奶粉的外国企业是如何把自己的产品用科学来包装，以便进行商业推销。

此外，这些女性对食品质量和安全的关注也延伸到她们自身的身体作为消费的场域。当康娣介绍自己公司的产品时，她就使用了科学研究的医学权威，这一权威论述说明许多女性在怀孕期间和产后得不到足够的营养。那位提到均衡饮食的女士也认可孕产期的女性需要充分营养的看法。康娣离开以后，准妈妈们的讨论更说明了自身和孩子的营养是她们内心十分忧虑的问题，我的研究也证实了这一点。不少受访者都清楚意识到她们需要更多地摄入某些营养元素以保持身体的营养均衡，但却由于种种原因无法实现。康娣除了援引医学研究来论证孕妇营养品的有效性和必要性以外，她也试图用忙碌母亲的形象来使她的潜在客户产生共鸣：只要服用她代理的营养品，她们就能在保持身体健康的同时继续自身的事业，还能满足孩子的需要。下文两位受访女性的自述也将表明康娣提到的几点恰好就是她们最关心的问题。但在此之前，我们还是先来看一下母乳教育培训课程中医学权威的问题。

传授育婴"科学"

在上一节中，我们可以看到四类医学权威的浮现：白护士、45 分钟的教育影片、营养手册，以及曾经做过心脏病医生后来转业成为外国企业销售代理人的康娣。在有关科学育婴的每个表述环节，我们都能感受到医院赋予白护士的医学权威。甚至母乳教育培训课程本身也有助于建立医学权威，因为它将医务人员和病人的关系定位成老师和学生的关系（Freire 1996）。白护士通过培训课程来传播育婴"科学"，她所用的语言也极尽所能让这"科学"听上去很自然，但这些课程本身又传达出一个信息，即实际上母乳喂养是需要特殊知识的。[①]

更进一步来看，将母乳教育培训课程作为孕妇产前保健一部分，这一做法已经说明医学知识和权威是实现母乳喂养所必需的。第二堂课的教育影片加强了母乳喂养具有科学和医学优

① 我对白护士的部分讲课内容进行了录音，然后对比了联合国儿童基金会的培训手册内容，发现两者基本一致。

势的观念。同样，在影片中播放其他孕妇参加母乳教育培训课程的片段，也容易使观众意识到参加此类课程是获得有效母乳喂养技能的重要途径，而医务人员则是最有资格传授这些技能的人。

康娣的自我介绍也说明了医务人员在母乳喂养问题上的权威。她说自己过去曾经是一名心脏病医生，以此表明她也是专业医学共同体当中的一员，而非仅仅是一名毫无医学知识的推销人员。她的自我表述和其他人的评论都凸显了女性对培训课程的回应。

我的研究对象对母乳教育培训课程的反应是非常复杂的。但从如此众多的女性都希望在生育之前寻求专业指导建议这点来看，医务人员在育婴活动上确实具有重要权威。就此我询问了 30 位孕妇，如果她们在怀孕期间有关于育婴的任何问题，她们首先会向什么人咨询，其中 20 位回答她们会首先去找医生或者护士。而在接受访谈的 25 位已经生产的女性中，同样也有 18 位回答她们会首先找医生或者护士咨询育婴方面的信息。

然而，也有一些受访人对必须参加母乳教育培训课程的规定感到反感，她们也不认可这些培训课程所具有的医学权威，并以不同的方式作出回应。有的人是在上完培训班后对我表达了她们的反感。24 岁的张女士是一名工厂工人，有一天她对我说："为什么我一定要参加这个班？给孩子喂奶和做妈妈都是很自然的事，我不需要参加培训班来学这些东西。"当我问她，如果她有需要时会向谁寻求建议，她回答说："我会找我妈。她养大了两个孩子，她可以帮助我。"张女士的回答并不出奇，尽管我在14个月的田野调查过程中遇到超过一半的女性都自称在必要时会找医生寻求帮助。另一些人则通过缩短上课时间的方式来反抗，她们告诉白护士自己与其他人有约，或者她们的婆婆正在等她们。当我问起她们对培训班的意见时，她们会说自己不需要这些信息，也不想呆在这里。

与此相反，也有7位受访人告诉我，她们很喜欢母乳教育培训课程。她们认为自己需要母乳喂养方面的信息，并且很想让孩子健康地长大。23岁的杨女士是一名办公室职员，她告诉我她觉得培训班上教的许多婴儿护理的技能都比她母亲和婆婆那一代的育儿方式来得先进；而她自己并不想用那些上一代的传统而“落后”的方式来抚养自己的孩子。因此，她将医院工作人员和母乳教育培训班视为现代育儿知识的来源。这7位受访人同时也是孕妇保健和婴儿护理书籍的忠实读者，她们相信来自专家的建议有助于使她们成为现代母亲。

除了白护士在培训班上传授的母乳喂养知识以外，外国奶粉企业的宣传册是另一项科学育儿资讯的来源。作为“母乳教育专家”，当白护士将这些宣传册分发给来上课的孕妇时，她也赋予了这些文本医学权威。但这种散布商品信息（不论是婴儿奶粉还是孕妇保健品）的行为，在爱婴医院的语境中，都反映了机构理念和妇产科具体医疗实践之间的矛盾：前者反对使用婴儿奶粉，而后者实际上帮助推销了婴儿奶粉。虽然如此，白护士认为宣传册上的关于孕妇孕期营养方面的信息是十分有用的。因为没有其他可替代的资料，她就用这些宣传册来提醒孕妇们注意自身的营养和健康。

正如我在前文中提到的，白护士也想把宣传册作为小礼物来吸引孕妇们持续参与她的培训课程。我认为这一做法，以及白护士对此的自我辩护，都是与鼓吹母乳喂养话语所内含的内容相矛盾。这一话语认为母乳喂养既是天然的，也是科学的。然而，如果母乳喂养是天然的，为什么孕妇们需要参加教育培训课程？白护士将宣传册作为小礼物鼓励孕妇们持续参加培训课程的做法显然承认了这一内在的矛盾。与此同时，如果母乳喂养是最科学和现代的育婴方式，那么科学的医学权威、孕妇们为获得现代性的消费欲望以及成为好妈妈的渴望应该会比奶粉广告的宣传更有影响力。[①]

白护士分发的宣传册内容并不总是一致的。我分析了白护士给我的 12 份不同宣传册的内容，发现超过一半的宣传册详细介绍了母乳喂养的好处和具体技法。其他的宣传册包含了世界卫生组织规定的内容和其他有关孕妇营养、练习，以及企业生产线的信息。[②] 它们也传达了母乳喂养是最天然和科学的育婴方式这一信息。其中一本宣传册的封面把一位母亲描绘成一个豆荚，在她的腹部长出了新芽。在宣传册的内页，一个婴儿躺在

① 但柯芳芳（音译 Ke Fangfang 1993）认为外国奶粉广告对中国女性选择不进行母乳喂养有很大的影响。

② 1981 年的《世界卫生组织母乳替代品市场营销国际条例》限制奶粉企业在医院里进行产品推销，同时规定所有奶粉产品都必须注明母乳喂养是最好的育婴方式。

一株豆荚形状的植物里面。仅仅从图像来看，抚养一个孩子就像是把一粒种子培养成一株植物。在现代社会中，这个培育过程既需要自然条件，也需要人为科学的条件（比如农业技术）。但这些宣传册并没有进一步讨论母乳喂养的科学性，转而声称如果因为某些原因一位母亲无法给自己的孩子进行母乳喂养，那么配方奶粉就成为最现代、最科学的育婴方式了。为支持这一论断，宣传册铺排了一系列比较母乳和奶粉所含营养元素的图表来说明这些企业生产的奶粉已经达到母乳的营养水平。

另一本宣传册玩弄了“天然”和“科学”的双关语。它用很大的字体声称自己的产品是“替代母乳的天然首选”，然后又用较小的字体写到母乳是六个月以下婴儿最好的选择，但是如果出于某些原因母亲无法进行母乳喂养，那么配方奶粉应该成为这些家庭的天然首选。由于“天然”这个词在中文中是与“人工”一词相对的，奶粉企业就用这个修辞来推销自己的产品，将其描述得与母乳很相似，因而就成为既“天然”（而非“人工”）又“科学”的产品。在这一话语建构的过程中，“天然”在修辞学的意义上不再与母乳喂养相连，而是与科学化生产的婴儿奶粉联系起来。

体验育婴科学

医学权威和知识贯穿了我在上文中提到的各种表述。女性在医院里所遭遇的西医关于怀孕和育婴的知识体系，它的权威就来源于科学技术的使用和对病人心理的影响，并借此来定义病人的亲身感受。生物医学认为生物学是具有普世价值的，而文化的影响却是有限的，它因此特别强调医学话语下母乳喂养的科学权威和知识（Strathern 1996：145；也见 Martin 1989）。

此外，不仅奶粉广告包含了这一跨国的现代医学权威和知识，白护士所用的来自联合国儿童基金会和世界卫生组织的信息同样也包含相同的预设。这些材料假定母乳喂养是女性普遍拥有的一项生理能力。白护士等人的工作目标就是通过尽量减少文化上的限制性因素来提高母乳喂养的比例。以往的多国合作项目致力于鉴别究竟是哪些地方习俗导致母乳喂养率的降低和非母乳喂养率的升高，然后告诉妇女和医务人员非母乳喂养方式的危害性，让他们改变育婴方式（Gussler and Briesemeister 1980）。中国的研究者也在推销这套观念和做法。比如江苏省江阴市人民医院的谢基立（Xie Jili 1992）就谈到，中国传统观念认为初乳不好，因而很多家长在新生儿刚出生的几天内不给他们喂母乳。他认为这种传统观念是错误的，应该要改变。谢基立以为传统观念不过是无知的表现，一旦女性获知有更好的育婴方式，她们就会改变自己的行为。

自从 1992 年爱婴医院在中国出现以来，改变育婴方式变成一件很复杂的事情。对我而言最有趣的一点是，联合国儿童基金会和世界卫生组织都认为现代性是与生物医学相联系的，它们通过医学把母乳喂养装扮成为现代性的一种表现（United

Nations 1995)。这项政策的结果和落实政策的方法包含了下述信息：母乳喂养是科学的，它是现代性（而非传统）的一部分。中国的研究者也在他们的研究报告中表达了类似的观点。有一篇文章就强调人们有必要意识到母乳喂养并不是“传统”的，而是科学的育婴方式（Wang et al. 1991：3）。

留意到这种现代与传统二元对立的观点，我接下来讨论两位女性就其育儿经历的自述。我的目的不是去探寻她们采用母乳喂养或配方奶粉背后因果关系式的解释；而是想了解，在一个社会中，当人们越来越重视科学的权威，并将消费现代知识和商品作为现代人生活标志的情况下，女性个体如何做出育婴方式的选择（Good 1994）。

26岁的王女士是一名教师，她选择用奶粉喂养自己的孩子。但在选择奶粉的过程中，她选了外国品牌，因为外国货被认为更科学、品质更好。

> 我用外国奶粉喂孩子。那是一个荷兰的牌子。刚开始我是母乳喂养的，大约一个月以后开始喂奶粉，因为我感冒了。刚开始我还不敢吃药，担心药物可能影响到奶水。后来医生说我还是要吃药，所以我没办法，只能用奶粉了。我跟丈夫和一个做医生的朋友商量了一下，用国产还是外国的奶粉好。我想养小孩最重要的就是吃的方面。我丈夫说要用就用最好的牌子，而外国人有很长久用奶粉喂孩子的历史，他们的文化也比中国更科学，所以我们就选了一

> 个外国牌子。
>
> 尽管每个月要花 200 到 300 元（人民币）在奶粉上，我觉得还是很值得的。我婆婆不赞成，她觉得可以用牛奶来喂孩子。她说她就是用牛奶把两个孩子喂大了，而且两个孩子都很健康。她还对我说，你不可以用奶粉取代自己的奶水。但我的医生朋友告诉我，外国奶粉所含的营养元素要比中国奶粉多得多。普通人觉得喝牛奶对孩子有利，他们觉得新鲜的牛奶营养更丰富。有时他们甚至觉得牛奶比母乳更好，但他们错了。外国奶粉才是和母乳最接近的，最适合孩子的。尽管我们花了很多钱，但它对孩子的健康是最有益的，这才是最重要的。

王女士的自述提出了一系列与科学权威和消费主义有关的问题。在她看来，因为外国人很早就开始用奶粉喂孩子了，所以奶粉对她的孩子也一定是安全的。为了获得支持，她向一个医生朋友征求意见，后者的看法被认为具有权威性。王女士对科学的信任尤其表现在当她的婆婆想用牛奶喂孩子时，后者援引自己养孩子的经历来说明牛奶已经能够给孩子足够的营养。但王女士反对，她认为包括她婆婆在内的“普通人”都错了，如果一位母亲不能进行母乳喂养，她就应该选择外国奶粉这一最科学的替代品。

王女士对外国产品质量的强调也反映了中国消费者对本土产品质量安全问题的普遍担忧。王女士夫妻的总收入大约在每月 1100 到 1400 元之间，仅仅奶粉这一项就占了他们月收入的 18%。但通过这样的消费方式，这对夫妇告诉我们他们有能力购买外国奶粉。也正是通过购买外国品牌这一消费行为，他们认为自己比那些用牛奶或者国产奶粉喂孩子的父母更现代。当王女士用她医生朋友的医学权威来反对她婆婆的“错误”观念时，科学的象征意义也呈现出来了：在她看来，医学知识和外国的科学知识远比她婆婆的经验性知识有权威。

翟女士也持有相似的观点。她是一名 25 岁的工厂经理。自打出院以后，她就开始用奶粉喂孩子。因为有她的母亲一直帮忙照顾孩子，她可以好好地坐月子。坐月子是一种中国传统的产后恢复的实践，现在中国城市的人将它理解为产假。[①]和王女士一样，翟女士拒绝了她母亲那一代人“落后”的传统方式，转而用一种最现代和科学的方式来抚养孩子（Anagnost 1995）。翟女士下面的自述展示了科学的象征性和现代性在她育儿理念当中所处的重要位置：

> 我从医院回来以后就开始用奶粉喂小孩了。在医院的时候，我参加了母乳教育培训班，但是我知道出院以后我还是要回工厂上班的。所以我自己研究了市场上的各种奶粉品牌，把它们相互比较了一下，然后发现中国的牌子没

① 坐月子是中国传统里一种让产妇迅速恢复健康的实践。关于这套实践的具体讨论，参见 Pillsbury（1982）。

有外国牌子营养元素多。我也跟朋友打听了她们都用什么牌子的奶粉，她们大部分也都用外国牌子。我想我的孩子如果喝不上我的奶，我应该给他买营养最好的奶粉。我妈妈想让我母乳喂养。她以前就是这样把我跟我姐姐喂大的，觉得奶水对孩子来说是最好的。但我告诉她我的工作很重要，没有办法几个星期都在家给孩子喂奶，所以只好用奶粉了。如果孩子能喝奶粉，对他对我都是最好不过的。

我想用最现代、最科学的方法来抚养我的儿子。中国发展得很快，变得越来越现代化，我想我的儿子也能从中受益。传统的抚养方式并不好。等孩子再长大一点，我计划把他送去一个心理学家创办的幼儿园。虽然那里收费很贵，这意味着我要更努力地工作，赚更多的钱，但我还是不想让我妈妈或者婆婆用传统的方式来带小孩。同样的，外国奶粉虽然很贵，但中国的奶粉企业根本靠不住，谁能管得了它们？外国奶粉企业有它们开发的国际标准，它们更科学。所以我觉得外国产品更安全，营养更好。有些奶粉甚至比母乳营养更丰富。

除了工作原因不能进行母乳喂养以外，翟女士的自述明确表达了“现代化”生活对她而言的重要性。她觉得外国奶粉是现代性和科学的产物，而用外国奶粉喂孩子即是一种现代化的生活方式。同样的，由心理学家创办的幼儿园也被她认为是更现代化的、更科学的育儿方式。翟女士以各种方式尽量避免用她认为“传统”的方法来抚养自己的儿子，以便后者能够更好地参与到“现代”的生活方式中去。通过在名义上消费象征科学和现代性的商品、运用科学的育儿方法，翟女士将自身及其儿子的现代生活方式与她所认为的传统生活方式区分开来。与此同时，她又将中国产品与外国制造业的国际标准对立起来，把前者描述得很不可靠，以此表现她对中国本土制造业标准的不信任。翟女士的评论某种程度上也反映了公众对食品质量安全的担忧，也是这种担忧促使翟女士选择使用外国品牌。在她看来，与其依靠政府对不合格产品的管理和监控，不如选择消费外国品牌来确保孩子的健康。

结论：母爱和医学权威

上文的民族志材料显示，科学的象征意义和现代性的观念对中国都市女性在育婴方式的选择上有着极其重要的影响。通过与传统进行对比，科学被作为现代性的前提来强调。从这一视角来看，爱婴医院不仅是出于生理学的原因而强调科学的重要性，它同时也传达了一种观念：母乳教育培训课程的参与者应当放下自身的判断，服从医学权威的论断。当然，这一观念并不仅仅存在于中国。安德鲁·斯特拉森（Andrew Strathern 1996）引用黛博拉·戈登和玛格丽特·洛克（Deborah Gordon and Margaret Lock 1988；也见 Foucault 1994）的说法论述到，现代生物医学的基石是医务人员共同体对生物学普遍性深信不疑的信念，以及他们对这一信念制度化的推广。与此相反，文化对医学被认为仅有次等的、而非基础性的影响。按照生物学普遍性的信念，文化若还有影响，它的影响力主要集中在病人身上，尤其表现在他们对医学不恰当的理解上；但它对医学和医生本身毫无影响（Strathern 1996：145）。

在我研究的北京爱婴医院，科学也因为它的外国起源而倍受重视。与此相反，一切源自中国的观念都被视为“不发达”或者“落后”的。当我的30位受访人中的13位因为相信外国产品更“科学”，所以从中国奶粉品牌转用外国品牌时，我意识到外国奶粉在中国都市中的重要性仍在逐渐上升。在一个强调母乳喂养的爱婴医院里，具有讽刺意味的是每个受访的女性都收到了来自外国奶粉企业的宣传册。这些五彩斑斓的广告，按照佩妮·凡·艾斯特瑞克（Penny Van Esterik）的说法，意在“用一种符号学或符号系统的方式传达某些关于使用者的信息”（1989：175）。换句话说，这些奶粉广告所传达的信息正是它们的产品应当是智者的天然首选，尤其是那些真心关爱孩子的母亲考虑母乳替代品的首选。回顾全文，奶粉广告渗透到鼓吹母乳喂养的爱婴医院里，这恰恰证实了中国当下涌现的消费主义浪潮。

（钱霖亮　译）

第8章

国家、儿童和杭州娃哈哈集团

赵 阳

1996年五月中旬，浙江娃哈哈集团从其安徽省代理商那里获知了一个坏消息，说那里的娃哈哈果奶销量正在直线下跌。在安徽，人们把娃哈哈这个牌子和最近一起儿童中毒死亡案联系在了一起。两个星期以前，有三个女孩喝了五瓶娃哈哈果奶后死亡，其中两个女孩是亲姐妹，一个18个月大，一个五岁大。此外，她们四岁大的堂姐妹也成了受害者。尽管省政府严禁地方媒体报道这个事件，消息还是传遍了整个安徽省，最终导致娃哈哈饮品销量急剧下跌。

验尸结果发现中毒是由老鼠药引起的。警方后来在五瓶娃哈哈果奶的残余里也验出了老鼠药的成分。安徽省公安部门因此认定娃哈哈集团对这起事件负有重要责任，并出面帮助受害者家属索赔。此后，浙江省公安部门派出一支专案组再次对事件进行调查，调查结果却大大相反。专案组指出，浙江省早就禁止在市场上出售老鼠药了，因此它不可能流入到浙江企业的生产线中。浙江警方认为死亡的女孩应该是喝了假冒伪劣的娃哈哈果奶，极有可能是安徽本地非法牟利者生产的；而且在安徽，还是有很多人在市场上买老鼠药杀老鼠。[①]

鉴于两地警方无法达成共识，浙江公安部门就请北京的公安部介入审查双方的证据。公安部的审查结果认为娃哈哈集团是清白的。但它还没来得及通知安徽省的相关部门，《北京青年报》的记者就把事情捅了出去。由孔文清、朱箐和钟建光合写的《娃哈哈果奶中毒事件》出现在该报的头版头条。这篇报道提到，老鼠药究竟如何进入娃哈哈果奶仍然是个谜；而在北京市场上，因为很少有人知道安徽女童中毒事件，娃哈哈果奶的销量依然很好。这三名记者后来受到了严厉责罚，说他们的报道"造成了极其恶劣的社会影响"。[②]这之后，没有媒体再报道这个事件了。

但老鼠药究竟是怎样进到娃哈哈果奶里的呢？娃哈哈集团真的毫无过错吗？如果是那样的话，三个女孩的丧生又该是谁的责任？投掷老鼠药是一种工业破坏行为吗？为什么警方会接受受害人家庭的说法，认定三名女孩的亲戚在从本地商店购买娃哈哈果奶时，这些饮料瓶子都是密封的？我想很多读者都曾经思索过这些问题，但是媒体并没有为解答这些问题提供更多的信息。

一个可以回答的问题

但还是有一个重要问题是可回答的，即为什么上级部门想

---

① 1996 年 6 月 5 日对娃哈哈集团公关部主任程新华（音译）的采访。

② 1996 年 6 月 5 日对娃哈哈集团总经理宗庆后的采访。

要保护娃哈哈集团。在这之前，中国媒体也曾多次报道假冒伪劣商品和企业管理疏忽导致消费者死亡的事件。尽管媒体匆忙的报道的确使一部分后来证实是无罪的企业的声誉受到了影响；但在更多的个案中，出于经济和政治利益的考量，地方政府部门包庇了企业，使之免受负面新闻的侵扰。官方对娃哈哈集团的庇护属于第二种类型，也是下文主要讨论的问题。

从一开始，上级部门想庇护娃哈哈集团大致有两个方面的原因。其一，这个公司是改革开放的重要标志性企业之一。1987 年，它从一个小规模的三人合作零售生意起家，最终发展成为一个具有全国声望的、不断创新的大型企业。在极短的时间内，这家公司发展成为中国食品行业的领头羊，位列中国企业五百强。但更重要的，娃哈哈集团是民族骄傲的一个符号：作为从本土发展起来的企业，上级部门将它视为国内食品和饮料行业抵抗国外产品竞争的重要力量。这家公司在营销产品、扩展自身的生产能力方面非常成功，以至于领导期待它能成为中国的可口可乐公司。其二，娃哈哈集团和国家有着互通的利益。它响应政府的号召，通过改进儿童食品的品质来积极落实国家提高儿童身体素质的政策。而当三峡工程启动后，政府需要盈利企业转移资本和技术到西部，为当地的农民和工人创造更多的就业机会时，娃哈哈集团也是积极响应，在四川涪陵（现划归重庆）兴建了三座工厂帮助三峡移民就业。

所以，对于上级部门来说，娃哈哈集团并不是一个普通的企业，而是一个具有爱国心和公德心的、政治上可靠的企业——是“中国特色社会主义”的一个绝好样板。在后面的讨论中，我将首先展示娃哈哈集团如何同时在市场和政治领域建立起自身的声望。但接下来我也将解释，为何它最终决定和外资结合，打破了政府希望它成为中国可口可乐公司的美梦。

文化策略：民族主义和本土食疗

娃哈哈集团是从一个杭州小规模的校办工厂发展起来的。三位创始人过去都是老师，他们说创办这家企业是因为那时候他们总是听到学生家长抱怨孩子挑食，不肯吃家长认为营养好的食物。于是他们就做了一次膳食调查，并依据调查结果决定从中医中汲取知识，开发能够给孩子开胃的营养品。他们的首要合作者是浙江医科大学的朱寿民教授。这个创意事实证明非常成功，三年之内就使娃哈哈成为了家喻户晓的品牌。娃哈哈营养液的主要配方是中医传统里给孩子开脾胃、治疗消化不良症状的草药提取物，原料包括枣子、山楂、枸杞和莲子，包含的营养元素有钙、铁、锌等（Meng Yuecheng 1996：1）。这项产品的注册商标叫作“娃哈哈营养饮料”，按照企业宣传材料的说法，它的主要疗效是“健脾开胃”（Zong Qinghou 1996：2）。这一医学上的说法用广告词表达就成了“喝了娃哈哈，吃饭就是香”——这句话经过电视广告宣传也家喻户晓了。

在对娃哈哈集团高层领导的采访中，他们说他们非常强调娃哈哈产品和中医的联系。在他们看来，传统医学和养生理念在中国社会有很悠久的历史，对成人（尤其是老人）有很深的影响。这一影响的其中一个表现就是认为膳食疗法和草药医学两者之间没有很大的差别。对于坚持传统医学理念的成人来说，普通食物也包含了强大的治疗功能。比如吃新鲜的樱桃可以缓解咽喉炎；芹菜汁加一点点蜂蜜可以降低胆固醇水平；姜茶可以缓解肠胃炎。因此，虽然娃哈哈集团的宣传材料也提到其产品包含了钙、铁、锌等元素，它最强调的还是中草药的营养价值。通过利用具有“五千年传统”的中医，娃哈哈集团将其营养饮料打造成中国本土健康饮品来推销，它的疗效经过几个世纪的经验证实，是不容置疑的。这自然是一种商品推销的言辞，但它也是对中国父母和祖父母们颇有吸引力的一种文化创意性的商业策略。在城市里，因为许多父母都要在外工作，祖父母们自然而然地成为了孩子的主要照顾者。

在强调其产品本土性的同时，娃哈哈集团也将自身定位成国内食品和饮料行业坚定的捍卫者，它反对其管理层所说的大众消费当中的“不健康倾向”，即公众对西方和日本商品的迷恋。一位娃哈哈集团的高层就认为这是一种“崇洋媚外”的表现（Zong Qinghou 1996：3）。他不用花很多努力就能找到证据来支持自己的看法。在 1994 年的一本关于中国城市人消费模式的论文集中，论文主编提了一个修辞性的问题：“你喜欢中国的还是外国的商品？”然后他写了下面这段颇为辛辣的评论：

> 1992年的一项对18家北京百货商场的调查显示，40%的婴儿保健产品是进口的，包括童装、纸尿裤、雀巢婴儿奶粉和婴儿爽身粉等……一位老板娘说，她的“小公主”一出世，喝的就是进口奶粉。现在孩子已经两岁了，但还是一口中国米饭都没吃过（Zhao Feng 1994：11-12）。

娃哈哈集团的管理层认为消费者的态度背后是外国公司日渐上升的影响力，它们“蜂拥而入国内市场”（Zong Qinghou 1996：2）。娃哈哈集团总经理宗庆后的这一评论并非空穴来风。以软饮料为例，在1979年改革开放以后，可口可乐公司马上就打开了中国国门。截止1994年，该跨国企业在中国已拥有13间分厂。到1996年，这一数字上升到23间，其中16间已经在运作，7间在建（Tuistra 1996）。根据一项1997年的民意测试结果，（美国）可口可乐已经超过（日本）日立成为中国最知名的外国品牌，81%的中国受访者都知道它（Leicester 1997）。另外，在1996年一篇《是中国还是外国饮料主宰这个暑假？》的杂志文章中，一位北京记者报道了9家中国主要汽水制造商中的7家都成了可口可乐或百事可乐的子公司。后两家外国企业向前者承诺订购它们至少30%的产能，但这个承诺却很少兑现（Liu Yun 1996：7-8）。另一位北京记者写了一篇文章，专门讨论可口可乐和百事可乐如何获得中国软饮料市场30%的份额，以及在中国四个大城市当中占据85%的市场份额（Huang Fei 1997）。在这篇文章中，作者详述了外国企业如何通过并购、接管和广告活动打垮其中国对手。截止 1998 年 7 月，在中国碳酸饮料市场里，国内企业只剩下 21.1% 的份额，而可口可乐和百事可乐分别占有 57.6% 和 21.3% 的份额（China Daily, 1998 年 7 月 27 日，第 8 页）。

中国城市儿童是可口可乐和百事可乐最忠实的消费者。1997 年，薛萌是北京市的一名五年级学生，他对自己连续三年只喝可乐，没喝过一滴自来水感到骄傲。为了解除儿子对可乐的依赖，薛萌的父母就让他读报纸和杂志上反对喝太多可乐的文章。他的父亲说："我们花了很长时间，终于让薛萌不再喝可乐了。实际上，父母们很难阻止子女喝可口可乐，只能通过教育方式让孩子自己意识到养成良好饮食习惯的重要性。"①

但娃哈哈集团关心的并不仅仅是个人健康问题，对它而言，一个更崇高的事业正处在危险中。娃哈哈集团总经理宗庆后在一次儿童食品和饮料生产交易会上指出：

> 中国的饮食文化源远流长。经过五千年的历史沉积，我们的祖先为我们留下了许多值得珍惜的遗产……我们认为，把中国自己的营养品行业发展作为我国民族企业发展的一部分是非常必要的。这个表态也是必要的，因为最有活力的产品常常都源自于我们自己的文化遗产（Zong Qinghou 1996：3）。

① 我要感谢景军允许我引用他在 1997 年 1 月 25 日对薛萌父亲的访谈内容。

虽然娃哈哈集团的领导以高度的热情表达了民族情感，但他们并不打算和可口可乐或者百事可乐这样的外国企业直接在城市里竞争。娃哈哈的主要商业策略就像毛泽东的军事准则一样，“从农村包围城市”。这也解释了为什么娃哈哈集团1996年60%的营业收入来自于农村。通过避免和外国企业直接竞争，以及采用其他一些精明的商业策略，娃哈哈的销售业绩每年都有显著的增长。到公司成立十周年的1997年，娃哈哈已有30种产品，每年的产值达到了100亿人民币。对于一个从三个人用14万银行贷款起家的企业来说，这一业绩显然十分引人瞩目。

政治策略：帮国家就是帮企业自己

某种程度上来说，所有中国企业在制定商业策略时都需注意国家政策，因为政策的变化常常会对企业生产和销售产生巨大的影响。另一方面，中国企业对于政策的敏感度也是历史上形成的一种习惯。在八十年代中期城市改革前的三十多年里，中国国有和集体企业的经理们都是遵循国家计划来生产的，他们个人的事业也是由国家计划而非企业本身的利益所决定的。在那个时代，所有企业的运作都在国家计划经济的边界以内进行，重要经济活动的最高决策权始终属于中央政府及其经济规划师。

娃哈哈集团和这些计划经济体制下的企业运作非常不同。从一开始它的商业策略就具有市场经济和消费文化的印记。因为是由学校开办给老师创收的企业，它并不在计划经济配额制度里面。从生产和销售第一件商品开始，它就是按照市场的规律来生存和扩张的。

但这并不意味着娃哈哈集团可以对国家熟视无睹。恰恰相反，它对国家政策的关注绝不少于对市场趋势的关注。作为一个从校办工厂发家的企业，它特别关注儿童福利（尤其是儿童健康）方面的商业前景和国家政策。某种程度上来说，娃哈哈集团成功之处就在于以儿童福利的国家政策为导向，最终发展成一个全国知名企业。接下来，我认为有必要讨论一下哪些具体的国家政策是娃哈哈集团在进行商业决策时特别注意的。

首当其冲的是计划生育政策——国家规定城市夫妻只能生育一个孩子，农村夫妻生育也有限制。1979 年这项政策出台以后，一系列有关儿童保护的法律法规也在之后的十五年里相继颁布，包括《义务教育法》、《未成年人保护法》、《母婴保健法》和《收养法》等。为了确保这些法律法规的落实，挂靠在全国人大、国家经济计划委员会等中央组织下面的相关监督机构也相继成立。与此同时，中国政府也和联合国儿童基金会、世界卫生组织等国际机构合作，寻求海外资源来改善中国儿童的健康。在李鹏总理签署了《儿童生存、保护和发展的世界宣言》以后，中国政府也出台了《九十年代中国儿童发展规划纲要》，目标是在 2000 年时将中国的婴儿死亡率降低三分之一，儿童严重营养不良的比例降低一半。

通过出台法律法规、制定健康政策以及与国际机构合作，中国政府向国内外公众和机构传达了一个信息，即中国严格的计划生育制度是一个良性的政策，目的是为了保护儿童并给下一代创造一个适合居住的环境。但公开宣言还是需要有具体的措施来落实，尤其是影响儿童健康的营养问题。政府的举措之一就是建立儿童食品行业。中国最早的儿童食品企业成立于 1966 年，但儿童食品行业真正快速发展的时期还是在 1980 年代，主要原因是政府的支持与鼓励。1981 年，一个名为“儿童消费委员会”的机构成立了，它是轻工业部的一个外围组织。一经成立，这个委员会下属的“儿童食品工作组”马上就开始工作了，在十五个省进行了儿童营养状况和儿童食品生产状况专项调查。调查结果显示，当时中国的牛奶、奶粉和其他乳制品的供应量都严重不足，中央政府为此花了一亿美元从国外进口了五十条乳制品生产线。此外，轻工业部也和卫生部合作制定了儿童食品（尤其是婴儿奶粉）生产规定。1986 年，上述部门又邀请了超过 200 名专家来商讨制定一系列标准，四年后这些标准都出台了。到九十年代初，中国已有 29 家专门生产奶粉和其他婴儿食品的现代企业。①

从其成立之初，娃哈哈集团就将自身的成长看作是中央政府儿童福利政策的产物。它的第一件产品——给孩子开胃的

① 如果按照广义的“儿童食品”定义，中国并没有这些生产儿童食品厂家的官方统计数据。

“娃哈哈营养饮料”——就是针对儿童市场开发的，并且很快赢得了消费者的青睐，当年的税后利润就接近两百万元人民币。此后三年，企业的销售额主要就是依靠这一助消化的饮料。再往后，它开始集中生产和销售“娃哈哈果奶”，也就是安徽中毒案当中的产品。这一产品重点的转移来源于企业领导意识到八十年代末和九十年代初牛奶、奶粉和其他乳制品需求的急剧增长。在这一时期，中国每年大约要从国外进口六万吨乳制品，却依然无法满足国内日益增长的消费需求。与此同时，部分国内乳制品（尤其是奶粉）无法达到国家标准，有的甚至还对消费者造成了严重的健康威胁（Chinese Academy of Agricultural Sciences 1994：271）。这些生产商的劣迹给了娃哈哈集团一个开拓市场的机会；也是凭借这个机会，它成功地推出了其著名品牌“娃哈哈果奶”。

在依赖消费者和市场力量的同时，娃哈哈集团的领导层也不忘他们的黄金法则：帮政府就是帮企业自己。我将透过对两个促进娃哈哈集团生产能力的事件来阐明这种对国家和企业关系的理解。1991 年 9 月，娃哈哈集团兼并杭州罐头厂的事情成了媒体的头条新闻，后者将这起兼并案描述成“小鱼吃大鱼”。在此之前，娃哈哈集团只有三百名员工和很小的一片厂区。与此相反，杭州罐头厂是该市最早的工业企业之一，员工数量超过两千人。但在兼并案达成之时，该工厂已经连续三年赤字运行，产品卖不出去，还从银行贷款养员工，因此欠下了四千万元的债务。杭州市政府最后决定避免工厂倒闭最好的方法就是将它和娃哈哈集团合并，而后者此时也恰好在向市政府申请扩大工厂厂区。娃哈哈最初对政府的计划并不热心，它还是比较倾向于通过雇佣临时工和租用厂区的方式来提高产能。但政府最后成功了。一位娃哈哈集团的领导透露，他们的企业后来改变了想法，支持兼并案，并花了三个月的时间做员工的工作，最终使这个冒险的举动变成了对企业发展有利的一步（Wahaha Group 1995：3-4）。事实证明这次冒险还是值得的：娃哈哈集团因此获得了五万平方米的新厂区，让它拥有足够的空间扩大生产，并在一年内还清了罐头厂一半的债务。除此之外，它也成了政府主导的国有企业重组项目的全国样板。

娃哈哈集团下一步的扩张就是进入四川省。由于三峡水电工程的建设，总计有 13 座城市，140 个城镇和 1352 个村庄将被淹没。在四川，大约有 130 万人面临移民安置的问题。在中国历史上，乃至在世界历史上都没有一个水利工程项目曾经转移安置过那么多的人（Dai and Xue 1996）。为了补偿四川省的土地损失和移民安置负担，中央政府号召沿海城市的企业，尤其是长江下游工业中心的企业通过建立新厂、雇用安置农民和工人的方式向四川省提供资金和技术。娃哈哈集团从企业的一片寂静中脱颖而出，它既有经济的理由，也有政治的考虑。从经济角度来说，娃哈哈在兼并杭州罐头厂之后仍想扩大生产，而四川省是中国人口最多的省份，它就想在那里建立一个生产基地。从政治角度来说，娃哈哈集团的领导层意识到三峡工程担负的重要使命：第一，三峡工程据说广受当地人支持，他们希望这一工程能够缓解贫困问题，防止致命的洪水，同时也对中国整体的发展做出贡献；第二，实现三峡工程的建设是中国第二代领导人为完成毛泽东、周恩来、邓小平“高峡出平湖”梦想而做的努力；第三，三峡工程被作为展示中华民族自豪感的窗口，它反驳了中国没能力建设大型水坝的海外舆论（Jing 1997：65-92；Eckholm 1998a：8）。有鉴于此，在 1994 年对四川涪陵（现属重庆）进行短期考察之后，娃哈哈集团的领导层马上决定投资四千万元改造当地的一家糖厂、一家酒厂和一家罐头厂，然后开始生产瓶装矿泉水。

转变策略的娃哈哈

由于娃哈哈集团在商业上的成功以及对国家的突出贡献，集团的领导层多次受到国家领导人的接见。在会见中，国家领导人总是对娃哈哈寄予厚望，希望它能够发展成为中国的可口可乐公司。曾经有一段时间，娃哈哈集团将上级领导的鼓励作为一种荣誉，但最后却无法达到他们的期许。1997 年，法国达能集团（Danone）有意收购娃哈哈。此时，这一跨国企业已在中国拥有多条生产线，包括陆氏饼干（Lu Biscuit）和淘大（Amoy）乳制品、酱油及点心。但是这个雄心勃勃的法国公司最顶尖的合作伙伴，同时也是最主要的海外市场，还是娃哈哈集团。换句话说，这家中国最知名的儿童食品公司现在已有一半属于外国人。是什么原因导致了这一令人惊讶的，同时也是娃哈哈集团自己不想公开宣传的结果？这显然不仅仅是达能的财务实力或者娃哈哈对达能高科技的兴趣所能全盘解释的。事实上，娃哈哈和达能合资的动力主要还是来自于国内。有部分中国企业，出于对娃哈哈的商业成绩和政治优势的嫉妒，用各种方法来回击它，有些战术甚至是相当可疑的，包括私底下把《北京青年报》安徽中毒案的文章传真给娃哈哈的竞争对手、批发代理商和消费者协会，以图摧毁娃哈哈的市场形象。

娃哈哈的个案说明了国家干预对一个企业的成功有可能具有非常重要的意义；但与此同时，即使是那些最受国家器重的企业也有其脆弱的一面。成为达能的中国合作伙伴让娃哈哈获得了一条确保官方保护的新途径，因为在上级领导的眼里，合资企业和跨国企业在中国运营事关国际关系，是政府需要谨慎处理的事务。尽管娃哈哈继续将其产品作为中国民族品牌进行推销，到1998年甚至推出"非常可乐"直接与可口可乐、百事可乐进行市场竞争，娃哈哈集团未来的发展却变成了一个在法国办公室里讨论和规划的议题。长远来看，娃哈哈是否仍会将自己的使命定位在保卫中国国内食品行业和民族国家的文化遗产上，是一个值得一探究竟的问题。

（钱霖亮　译）

第 9 章

食物如镜：中国家庭生活的过去、现在和未来

华　琛（James L. Waston）

正如景军在本书引言中谈到的那样，1926 年北京的劳动者花在零食和饮料上的钱仅占他们所有食物开销的 1% 左右。假定成年人吃掉了部分的零食和小吃，这就意味着孩子们吃到糖果、糕点、饼干和饮料的机会减少了。在六十年代以前的中国，孩子和大人的饮食基本一致，作为独立消费类别的儿童食品并不存在。二十世纪初期，中国杰出的作家鲁迅（1881—1936）满怀乡愁地写下自己童年尝过的美味食品，但他并没有提到任何专门面向孩子的零食。尽管如此，那些关于蚕豆、菱角、茭白以及香瓜的记忆在他的笔下饱含深情，熠熠生辉。当未来的“鲁迅”们追忆童年时，他们的笔下又会有哪些美味食品呢？是爷爷的豆子和母亲做的手擀面？还是同伴生日聚会上的巨无霸汉堡、比萨和蛋挞？如果我们说乡愁的根源是那些因逝去而美好的愉悦经历（F. Davis 1979），那么巨无霸有望完胜蚕豆。

儿童消费者

1960年代末，我在香港新界地区进行了一次针对当地人的实地调查，他们大多来自广东农村地区。我发现，少年儿童并不具备主动的消费能力（J. Watson 1975），而是消费的被动接收者，且主要是食物——有什么就吃什么（玩具并不普遍，参见下文）。等长到差不多三岁时，他们开始学着使用筷子和勺子。针对婴幼儿设计的加工食品，直到七十年代后期才在香港农村出现。与第七章中苏珊·古德昌（Suzanne Gottschang）所描述的场景相反，婴儿在断奶期吃的主要是鱼和米饭等成人食品——父母先把这些食物嚼碎，然后再用筷子从一张嘴喂到另一张嘴。现在这种断奶方式在一些社区的餐馆里依然可见，但大部分的香港家庭已经开始使用罐装婴儿食品和配方饮品。

六十年代后期，加工零食（尤其是雪糕）开始在新界地区兴起。以当地的消费水平来看，这些包装精美的零食价格过于昂贵，远远超过了人们的承受能力，因此只得被“雪藏”在商店冰柜的最底层。一些市井小贩推着自行车，沿街叫卖后座小冰柜里廉价的劣质冰棍。考虑到12岁以下的孩子几乎没有零花钱，获取这些零嘴的唯一途径只能是大人们的溺爱。[①]最慷慨的

① 根据南华早报（*South China Morning Post*）1995年12月2日的报道，香港父母在这一年大约给自己上小学的子女每月107美元的零花钱。

大人往往是那些平日里在西餐厅打工、节假日才回家小聚的人们，他们出手阔绰，孩子们能从他们身上得到不少零花钱。农历新年是收集零花钱的最好时间。在这三天里，已婚的男性有义务给每个遇到的小孩发“带来好运”的红包。这段时间也因此成了孩子们的狂欢节，他们买光商店里的冰淇淋，但往往因为吃太多而生病。

景军等人的研究指出，当今中国的孩子在家里拥有更大的决策权。在九十年代中期的北京，包括食物在内的大约 70% 的家庭开销都以孩子为中心。[①] 由孩子来决定家里吃饭的时候吃什么，这个想法肯定会让六十年代的新界居民大吃一惊。那时候，孩子们别无他法，要么有什么吃什么，要么就挨饿。一些嘴馋的调皮鬼还会去邻居家找吃的。村民经常会把做好的饭菜端到屋外，坐在屋子前面的凳子上边吃边聊天。这时，孩子们会突然冒出来，张着嘴巴讨吃的。印象中这些小馋猫们往往都会得到满足，大人们通常都会给这些小“掠食者”分一点，然后继续聊天。然而大人之间并不互相分享食物，只有四岁以下的孩子享有这个特权。

考虑到六十年代后期的新界地区并不富裕，我猜想这种“有饭大家吃”的做法可能由来已久，并非二十世纪的新生事物。近几十年来（八十和九十年代），若非在亲眷之间，已见不到这

① 参见 James McNeal 和同事在北京的研究，引自《亚洲周刊》（*Asiaweek* 1995.12.01）。

些四处流窜的小馋鬼的身影。卫生是造成这一变迁的一个原因，但更重要的恐怕是新界的邻里关系被破坏了——很多本地居民都搬去了城市，他们的房子则出租给了中国大陆来的新移民。[①]

与此同时，我六十年代邻居的重孙变得像他们的北京同龄人一样骄纵蛮横。八十年代后期，新界出现了一个上规模的儿童食品市场；也是在这个时期，跨国快餐连锁店也出现了。麦当劳在市中心开了六家餐厅，村民们可以乘坐公交前去就餐，而我的大部分民族志研究也是在那里完成的。必胜客、肯德基和一家本土中餐店也紧随其后开张了。我在另一篇文章中已经详述了麦当劳是如何从一家异国快餐店转变为常规的香港本地烹饪承办商（J. Watson 1997）。孩子们在这个转变过程中扮演了十分重要的角色，他们将麦当劳从快餐店变成了学生放学后的集聚地和休闲中心。尽管如此，罗立波（Eriberto Lozada，见本书第 5 章）对肯德基餐厅的研究和阎云翔对麦当劳餐厅的调查（Yan 1997b）都表明，北京的西式快餐厅也存在类似的本土化进程，虽然步伐相对缓慢一些。

当代中国家庭的决策重心已经开始转移，至少在食物选择方面晚辈的决定权已经逐渐超过长辈。乔治娅·古尔丹、郭于华和伯娜丁·徐在本书的其他章节中已经列举了许多例子。罗

---

① 1977 年，新界厦村的锡降围只有一户“外人”（非本家族的人）。到了 1997 年，至少有二十栋房子已经由“外人”居住，他们主要是来自中国大陆的新移民。1977-78 年我和妻子华如璧住在厦村时，锡降围是我们进行童年调查的中心地区（见 R. Watson 1985）。

立波认为肯德基赋予了年轻一代话语权，同时也使他们的父母被动地进入一个偏向青年人的跨国文化场域。在这个文化场域中，年轻人成了长辈们的指导者，而后者往往会感到无所适从。九十年代中期，我在研究新界麦当劳餐厅时就见证了这一“辈分颠倒”的过程。在这家西式餐厅里，孩子要远比他们的长辈更精明，更自信——年迈的老人要向黄口小儿学习如何点餐、落座和进食。

肯德基用奇奇（Chicky）这只年轻的、无忧无虑的、戴着美国棒球帽的鸡取代了桑德斯上校，这一决定充分体现了中国孩子的消费能力。奇奇就像罗兰·麦当劳（即麦当劳叔叔）一样对孩子具有特别的吸引力——因为深受电视节目的影响，他们学会了欣赏这些滑稽可笑的卡通形象。而中国大部分的成年人却无法理解奇奇和麦当劳叔叔的魅力。这两个形象都体现了“乐趣”（fun）的概念，但它却不太容易翻译成汉语。按照香港麦当劳经理丹尼·吴（Daniel Ng）的说法，直到最近中国的父母才开始鼓励孩子将轻松、愉快作为童年的追求。这位经理和他的同事有意识地将麦当劳打造成让孩子可以尽兴玩乐，青年可以自在放松的好去处。[①] 生日派对、玩具和儿童椅都特别受到新顾客们的欢迎。在香港以及中国其他的大城市，各家快餐连

① 资料来源于我在香港和美国马萨诸塞州剑桥市对 Daniel Ng 的多次采访，时间分别是 1993 年 1 月 14 日，1993 年 6 月 21 日，1993 年 12 月 30 日，1994 年 6 月 16 日，以及 1998 年 1 月 19 日。

锁店和零食公司的广告都无不体现着“乐趣”这一理念。

与家里的客厅和学校的食堂相比，为什么孩子会认为在麦当劳和肯德基吃饭更有乐趣呢？在我看来，答案就在于“选择权”：在麦当劳，即使是年龄最小的顾客也可以选择他们自己的食物。[1]菜单上所有的食物都被画得栩栩如生，不识字也能点餐。这种自由选择意味着孩子们至少能够暂时地脱离家长的控制。

老年，童年和公共仪式

全球化最吸引人的特点之一是美国节日的输出和之后的本土化：母亲节、父亲节、万圣节、感恩节以及伴随而来的蛋糕、蜡烛、礼物和生日派对。人类学家发现圣诞节的全球化和本土化经历了漫长的传播过程（Miller 1993）。毫无疑问，大中华地区（中国大陆，台湾和香港）是这项研究的理想地点之一。美式婚礼的典型特征是白色的新娘礼服（尽管中国人传统上认为白色适用于丧事）和精美奢华的大蛋糕。这些仪式在20年前已被台湾和香港地区的人们所接受，直到八十和九十年代它们才出现在中国大陆（Gillette 2000）。万圣节前夜的庆典在香港已经演变成孩子们的比萨狂欢节。父亲节也是香港新兴的节日，但母亲节却并没有很流行，这其中的原因还有待发掘。

---

① 我非常感谢我的同事 David Schak 对我在此论点上的指点。

这些新节日的共同点就是以孩子为中心进行吃喝玩乐的活动。譬如香港的父亲节已经发展成为一个一家人在餐馆聚餐的节日，孩子作为主人来宴请父亲（尽管由父母买单）。这些场合的特色菜单包括有热狗、汉堡、比萨和冰淇淋圣代。虽然叫做父亲节，这个日子实际上仍是孩子们在狂欢。

但是最早从美国引进的，也是最重要的还是生日派对。它的流行多少有些讽刺意味，因为多年以前大部分的中国人不知道，也不会庆祝自己的公历生日。农历生日主要是用来占卜的（尤其是结婚和死亡），很少有人把复杂的农历生日用西方的公历来换算。但是到了八十年代中期，香港和台湾地区城市里的孩子不但开始了解自己的公历生日，还将其视为一年中最重要的日子。根据郭于华和罗立波的研究，生日派对目前已风靡整个中国。在郭于华研究的那个江苏农村，有 70% 的孩子开始庆祝自己的生日（见第 4 章）。而北京的肯德基餐厅已经成为都市儿童举行生日派对的重要场所，其商业形象“奇奇”最重要的任务就是唱《生日快乐》（见第 5 章）。

景军在本书前言中写到这类生日派对的兴起反映了代际间权力的转移，比如长寿宴已经被年轻人的聚会所取代。这一事实也出现在了香港新界地区，年轻人开始成为家庭宴会的中心——这与六十年代截然不同。在那时，超过 60 岁（阴历年）的老人是宴会的主角，而孩子则是被完全忽略的人群。

在新界，年迈的男性会受邀出席村里所有的红白喜事，以及见证新居的落成。他们作为家庭代表赴宴，从而授予婚姻、收养对象以合法性，并宣告了自己的领导地位（J. Watson 1987）。年过六十的老人按照农历年龄排资论辈并形成一个宴会团体，该团体每年聚集在附近的饭店吃一顿年饭，费用均摊。人们还会为满60周岁的老人举办祝寿宴。与此相对，以孩子为中心的唯一聚会就是"满月酒"，这个仪式用来庆祝孩子出生满30天。虽然看起来孩子是这一宴会的焦点，但前来赴宴的都是大人。孩子作为村里宴会的旁观者，并不算是正式的宾客（桌子上没有为他们预留位置），他们在人群中游荡，希望获得人们的注意。当地的小学每年会举行一次毕业典礼，但这无法同其他的宴席相提并论。尽管如此，"小孩宴"的缺失并不意味着新界居民认为孩子不重要。恰恰相反，孩子是生命的意义，代表了父系的延续和祖先的传承。孩子是生命中忧愁和幸福的源泉。但是村民们并没有通过周期性的常规宴会来为孩子庆祝。

玩具、童年和游戏的商品化

玩具和儿童食品几乎同时作为商品在新界出现，这并不是巧合。这两者对孩子的吸引力如此相近，以致于它们作为两种商品的界限被模糊了（去任何糖果店都可以看到放着玩具的架子）。玩具也是快餐、零食和饮料公司最常提供的奖品。香港一直以来都是手工玩具设计和生产的中心，但是直到八十年代中期，这些玩具才开始出现在新界的普通家庭。早些年，村里的孩子有时会利用一些弃置物制作临时的玩具，我脑海中的印象证实了这些六十和七十年代的“非凡之作”。社区里仅有的娱乐用品包括了麻将、骰子（用作各种赌博游戏）和纸牌（当地叫做客家牌），主要面向退休人群。

但到了 1986 年，我在回访田野点时发现，新界村民家里的玩具几乎堆成了山，这一景观是我过去不曾见过的。孩子们甚至开始要求养宠物狗——在传统意义上，狗的作用仅仅是看家护院。[①]

八十年代中期新界的家庭显然有了不小的变化。人们的腰包逐渐鼓了起来，也越来越多地受到城市文化的影响。在过去，小孩子在大人谈话时插嘴会受到苛责，但现在却不一样了。村里的孩子被鼓励发展个性，家长们希望他们能在公众面前表现自我，有自己独到的见解。换句话说，童年的概念出现了，这与欧洲现代化早期出现的情况非常相似（Aries 1962）。在此之前，村里的孩子不被视为一个独立的个体，只有特立独行的人才能吸引目光。广东话中把小孩叫作“细路仔”，对人生周期中的“童年”的不同时期也没有专门的词汇指代，没有概念的框架。只有在结婚以后，孩子才算是正式成年了；事实上，婚礼即是将儿童转化成有责任感和集体意识的成年人的象征仪式（R. Watson 1986）。

---

① 1960 和七十年代人们养狗主要有两个方面的原因：（1）给一些特殊的餐厅供应狗肉；（2）作看门狗等。见 J. Watson（1975：14-15）有关农村看门狗的研究。

八十年代中期，新界的商店开始售卖一系列的儿童食品和玩具。另一个变革的标志是游戏、体育锻炼和娱乐的商业化。在九十年代中期，欢乐天地这样的商业娱乐中心开始在香港和其他一些中国城市开业。上海欢乐天地的门票是 15 元，每周的客流量达到了三万人。[①] 在这些游乐中心，孩子可以玩拱廊游戏，跳进满是小球的玩具室，体验各种游乐活动，并赢得零食和玩具。这类游乐场所最早出现在美国，它有助于缓解美国父母所担忧的城市暴力事件。这其中最出名的当属 1989 年成立的“发现领域”（Discovery Zone）。1995 年初，它已经成为在全球拥有 300 家分店的跨国公司。[②] 我在香港地区采访过的中国父母也都或多或少地认同美国人对于街头暴力的担忧，但也有不同之处：许多父母认为游戏中心可以帮助孩子适应香港学校的高压教育，这对培养他们的集体认同感和合作精神大有裨益。上海和北京的娱乐中心还有一个额外的功能：他们提供了一个安全的平台，供独生子女们与同龄人接触。中国城市的发展使人们被限制在孤立的高层公寓里，疏远了家人和朋友，独生子女们很难找到合适的玩伴。也是在这样的社会背景下，儿童商业娱乐中心能在中国城市里快速发展也就不足为奇了。

值得注意的是，孩子的游戏并不像大众观念认为的那样是

---

① 南华早报（*South China Morning Post*），1996.03.23，B5 版。

② 纽约时报（*New York Times*），1995.01.01，第 29，38 页。

天生的、自发的活动。人们需要经过学习才会玩耍，就像吃什么、怎么吃也需要学习一样。此外，当孩子可以按照自己的意愿想吃什么就吃什么，想什么时候吃就什么时候吃，又不做运动的情况下，肥胖问题就出现了。

肥胖的社会史：繁荣与疾病

三十年前，大部分的中国人把肥胖看作财富和身体健壮的标志。很多我认识的香港商人都想办法增肥，有意识地多吃高卡路里的肉类。同样，小胖墩被视作好运的象征，经常出现在年画和宗教画卷中。与此相反，苗条的身材是不受待见的，因为消瘦代表了不幸、疾病与早逝。六十和七十年代生活在新界的大部分人依然对当时长期的食物短缺印象深刻。在五十年代末六十年代初，曾有大量难民涌入香港地区（D. Yang 1996）。

因为那些年的影响，消瘦被打上了耻辱的烙印，瘦子们很难找到结婚对象。在他人眼中，这些人没有能力生养孩子。如果长期大鱼大肉体重仍不见长，村民们就会向米婆（一类民间宗教的神职人员）求助，询问是否有某种超自然的力量导致了这种痛苦（J. Potter 1974）。这些瘦子通常是冒犯了祖先的罪人，作为报复，祖先们夺去了他们的健康和活力。相反，肥胖则是一个明确的信号：他是有上天庇佑，被赐福之人。也是出于这样的信仰因素，大陆、香港和台湾地区的普通民众直到最近才开始担心自己的体重增加问题。到八十年代后期，公众才意识到肥胖是一种疾病，在此之前鲜有人会因为肥胖而去看医生。正如古尔丹在本书第一章中所写的，如今的情况已大不相同。她的研究发现，1995 年在北京的一些地区，男童的肥胖率超过 20%；而在九十年代中期，香港 11 岁儿童的肥胖率是 21%。同样令人震惊的是，香港是全球范围内儿童胆固醇含量第二高的地区，仅次于芬兰。[①] 中国政府已经意识到肥胖是新一轮的健康危机，于是展开一系列的宣传攻势来鼓励人们多锻炼：1998 年 5 月，2300 个年龄介于 3-6 岁之间的孩子在天安门广场上为全国的电视观众表演了儿童体操。[②]

从营养不良过渡到营养过剩，这也从侧面反映了中国取得的巨大成绩——普通人，尤其是城里人，不必再害怕饥饿。[③] 中国是如何做到这一点的呢？正如古尔丹在第一章中论述的，答案在于食物的丰富。从 1978 年邓小平改革开始，仅仅 20 年，中国的饮食就从白菜、豆腐变成了红肉、糖和食用油（Huang Shu-min et. al 1996；Popkin et.al 1993）。在社会主义的全盛时期（1949—78），国家提供给城市居民大量低能量的白菜用来储存、腌制和烹饪。除此之外，漫长的冬季通常没有其他东

---

① 南华早报国际周末版（*South China Morning Post International Weekly*），1996.04.27。

② 法国新闻社（AFP），1998.05.27，独奏中国（Clarinet. China）：30247。

③ 景军提醒我们，中国现在依然有很多地方还没有消除饥饿，包括他自己所在的甘肃省（Jing 1997）。

西可以吃。但到九十年代早期，大白菜的消费骤减，其他一些昂贵的蔬菜和水果开始出现在城市市场上。[①] 古尔丹和景军同时写到，肉类和食用油在饮食中的比例迅速增加。尽管饮食水平已有了提高，但大部分中国家长仍然担心自己的孩子没有吃饱。这种担忧导致了家长们对儿童开胃产品（如娃哈哈营养饮料）的狂热追求（见本书第 8 章）。

这是否意味着对抗肥胖的战斗还没有开始就输了？美国孩子最近的饮食趋势与中国同龄人有许多相似之处。两国的孩子都开始自主地选择自己的饮食，掌握自己的饮食开销。大部分美国青少年的正餐（早饭、午饭、晚饭）都不适当，他们按照自己的想法决定什么时候进餐和在哪里进餐。市场研究的学者注意到美国社会中一些语言措辞的转变：对大部分年轻人来说，"家庭餐"（home meal）是指可以用微波炉或者烤箱加热的食品（O'Neil 1998）。由于近年来快餐和外卖行业的快速发展，类似的语言现象也出现在了香港和台湾。

---

① 关于大白菜的消费，见北京周报（*Beijing Review*），1993.01.18，第 8 版；你可以跟任何一个曾经在二十世纪五六十年代的北京生活过的人交谈。1998 年，中国的大白菜产量与早几十年创下的记录相比下降了 20%。另外，以前专门用来种大白菜的土地也被用来种植其它更受欢迎的蔬菜（见《北京的财富威胁了大白菜的市场》，法国新闻社，1998.11.07，独奏中国：35263）。

宠坏的独生子女 VS 苛求的老人：中国的未来？

本书在某种意义上是独特的，它记录了一个转型期社会在对待孩子态度上的深刻变革。针对欧洲和美国儿童的类似研究主要是历史学的研究，有着它们自身的优缺点（Aries 1962；Demos and Demos 1969；Kett 1977）。而在中国，这一切都处在现在进行时。我们无法知道本书所描述的变迁，比如独生子女亚文化的产生，是否会让中国社会变得连鲁迅、毛泽东和邓小平都无法辨识。1990 年以前在中国生活或者工作过的读者会发现本书确实包含不少新信息，包括一些令人不安的变化（如肥胖率上升、激烈的同辈竞争、游戏时间的减少），但这些问题绝不仅仅存在于中国（cf. White 1994）。

在本书前言中，景军质疑了一个在二十世纪末的中国被人们广泛接受的理念：中国的独生子女真的被"宠坏"了吗？他把宠坏了的孩子定义为"被父母和祖父母给予太多关注和物质享受"的孩子。本书的证据既支持、也反驳了这种个体被宠坏的假设：伯娜丁・徐在第二章中指出溺爱孩子的父母其实付出了沉重的情感代价。心理学家和社会学家的研究显示中国孩子与其欧洲和北美的同龄人相比并没有受到更多溺爱（Fallbo et al. 1989：484-85；Wan 1996）。但我们确实观察到中国家庭的决策重心已从长辈转向年轻一代（Yan 1997a）。在本书的第四章，郭于华提出理解中国人食物和消费行为的三代模型，每一代人都很难对非同龄人的经历感同身受——孩子们的期望与历经社会动荡的长辈们的期望有着天壤之别。就像郭和徐所描述的，这一代的父母注定要给自己的后代创造所有可能的优势，这是对他们自己在青年时代所经受的苦难的一种补偿。他们期望自己的孩子在走向社会后能够遥遥领先，成为具有竞争优势的消费者。

九十年代后期，中国第一波的独生子女进入了商界、大学和军队等成人领域。未来对这些年轻人的研究将可以回答本书提出的诸多问题：中国的“小皇帝”和“小皇后”们真的那么与众不同吗？他们能否以尽忠职守、关心社会的公民面貌示人，能否引领中国进入市场经济、全球化以及更加民主的未来？

毋庸置疑，中国在不久的将来还会面临更加严峻的代际转型：随着人口老龄化时代的到来，谁将会为这群牢骚满腹的退休老人买单？中国的老人是否会像其美国同龄人一样苛求和不负责任？

中国的儒家传统教导父母要抚养儿童；作为回馈，成年的子孙也要奉养老人（Stafford 1995：79-111）。但随着中国社会的变革，这样的互惠关系也在瓦解。私人护理机构已经在广州率先得到认可并蓬勃发展（Eckholm 1998b）。1998 年，中国超过 60 岁的老龄人口已占总人口的 10%；到 2050 年，这个数字将达到 25%。美国和日本社会同样也面临着类似的人口危机，但与之相比，中国政府甚少为老人们提供福利支持——现在的家庭成员被认为还能像过去一样照顾自家的老人（D. Davis 1991；Ikels 1996：128-36）。事实上，未来中国的工薪阶层将不得不在孩子的需求和老人的期望之间做出选择。如果未来不同代际的消费者权力再次变化，老人们重新获得家庭当中的支配地位，那么三十年后本书的续篇将被命名为《奉养中国的退休皇帝》。

（李胜　译）

参考文献

ACC Sub-Committee on Nutrition. 1997. "Update on the Nutrition Situation: Summary of Results for the Third Report on the World Nutrition Situation." *SCN News*, no. 14, 9.

Advertiser News Services. 1977. "Beijing Officials See Burgers as Gold." *Honolulu Advertiser*, Sept. 10, A2.

Althusser, Louis. 1971. *Ideology and Ideological State Apparatuses*. New York: Monthly Review.

Anagnost, Ann. 1987. "Politics and Magic in Contemporary China. *Modern China* 11, no. 2:147–76.

——. 1995. "A Surfeit of Bodies: Population and the Rationality of the State in Post-Mao China." In F. Ginsburg and R. Rapp, eds., *Conceiving the New World Order: The Global Politics of Reproduction*, 22–41. Berkeley: University of California Press.

Anderson, Eugene N. 1980. " 'Heating and Cooling' Foods in Hong Kong and Taiwan." *Social Science Information* 19, no. 2:237–68.

——. 1988. *The Food of China*. New Haven: Yale University Press.

Appadurai, Arjun. 1995. "The Production of Locality." In Richard Fardon, ed., *Counterworks: Managing the Diversity of Knowledge*, 204–225. London: Routledge.

——. 1996. *Modernity at Large: Cultural Dimensions of Globalism*. Minneapolis: University of Minnesota Press.

Apple, R. D. 1994. "The Medicalization of Infant Feeding in the United States and New Zealand: Two Countries, One Experience." *Journal of Human Lactation* 10, no. 1:31–37.

Aries, Philippe. 1962. *Centuries of Childhood: A Social History of Family Life*. New York: Vintage Books.

Baker, Greg. 1998. "China." *Life* 21, no. 8 (July):36.

Baker, R. 1987. "Little Emperors Born of a One-Child Policy." *Far Eastern Economic Review* 137, no. 28 (July 16):43–44.

Baker, Victoria J. 1994. "The Problem of Socialization of Only Children in Urban China" (Zhongguo chengshi dusheng ziniu de shehuihua wenti). *Research on Contemporary Youth* (Dangdai qingnian yanjiu) 45, no. 7:45–47.

——. 1995. " 'Little Emperors' and 'Little Empresses'—Chinese Teachers' Views on Only-Child Socialization" ('Xiao huangdi' yu 'xiao huanghou'—zhongguo jiaoshi dui dusheng zinu shehuihuade kanfa). In David Y. H. Wu, ed., *Chinese Child Socialization* (Huaren ertong shehuihua), 130–40. Shanghai: Shanghai Science and Technology Publishing House.

Banister, Judith. 1987. *China's Changing Population*. Stanford: Stanford University Press.

Barnet, Richard, and John Cavanagh. 1994. *Global Dreams: Imperial Corporations and the New World Order*. New York: Simon and Schuster.

Barth, Fredrik. 1987. *Cosmologies in the Making: A Generative Approach to Cultural Variation in Inner New Guinea*. Cambridge: Cambridge University Press.

Beardsworth, Alan, and Teresa Keil. 1997. *Sociology on the Menu: An Invitation to the Study of Food and Society*. London: Routledge.

Becker, Jasper. 1996. *Hungry Ghosts: China's Secret Famine*. London: John Murray.

Beijing Bulletin (Beijing tongxun). 1994a. "The Fad of Standard Fast Food in Beijing and Its Origin" (Jingcheng zhengshi kuaican re qi laili). Feb.:15–16.

——. 1994b. "The Battle of Fast Food in Beijing: Chicken of Eight Allied Forces" (Jingcheng kuaican zhan: Baguo lianjun ji). Feb.:17.

Beijing Review. 1994. "Better Life, but Why Poor Health?" Feb. 28–March 6:7.

Birch, L. L. 1980. "Effects of Peer Models: Food Choices and Eating Behaviors on Preschooler's Food Preferences." *Child Development* 51:489–96.

Bourdieu, Pierre. 1977. *Outline of a Theory of Practice*. New York: Cambridge University Press.

——. 1984. *Distinction: A Social Critique of the Judgement of Taste*. Cambridge, Mass.: Harvard University Press.

——. 1990. "Social Space and Symbolic Power." In *In Other Words: Essays Towards a Reflexive Sociology*, 123–39. Stanford: Stanford University Press.

Brown, Lester. 1995. "China's Food Problem: The Massive Imports Begin." *World Watch* 8:38.

Buck, John. 1930. *Chinese Farm Economy: A Study of 2,866 Farms in Seventeen Localities and Seven Provinces in China*. Chicago: University of Chicago Press.

Cai Limin. 1992. "Borrowing Spirit Money at Shangfang Mountain" (Shangfang shan jie yinzhai). *Chinese Folk Culture* (Zhongguo minjian wenhua) 6:239–56. Shanghai: Shanghai Folklore Association.

Campbell, Colin. 1987. *The Romantic Ethic and the Spirit of Modern Consumerism*. Oxford and New York: Basil Blackwell.

——. 1992. "The Desire for the New: Its Nature and Social Location as Presented in Theories of Fashion and Modern Consumerism." In Roger Silverstone and Eric Hirsch, eds., *Consuming Technologies: Media and Information in Domestic Spaces*, 48–64. New York: Routledge.

Campbell, T. C., J. S. Chen, T. Brun, B. Parpia, Qu Yinsheng, C. M. Chen, and C. Geissler. 1992. "China: From Diseases of Poverty to Diseases of Affluence. Policy Implications of the Epidemiological Transition." *Ecology of Food and Nutrition* 27:133–44.

Cao Lianchen. 1993. "Only Children and Family's Cultural Consumption" (Dusheng ziniu yu jiating wenhua xiaofei). *Research on Mass Culture* (Qunzhong wenhua yanjiu) 5:47–48.

Chadwick, James. 1996. Interview by Michael Laris. November.

Chan, Anita. 1985. *Children of Mao: Personality Development and Political Activism in the Red Guard Generation*. Seattle: University of Washington Press.

Chang, K. C., ed. 1977. *Food in Chinese Culture: Anthropological and Historical Perspectives*. New Haven: Yale University Press.

Chen Chunming. 1997. "Food and Nutrition Policies in China: Using Nutrition Surveillance Data." Paper presented at the 16th International Congress of Nutrition, July 27–Aug. 1, 1997, Montreal, Canada.

Chen Junshi et al. 1990. *Diet, Life-style, and Mortality in China: A Study of 65 Counties*. Oxford: Oxford University Press.

——. 1996. "Major Issues in Maternal and Child Nutrition and the National Plans of Action." *Proceedings of the Tenth International Symposium on Maternal and Infant Nutrition*. Guangzhou: Heinz Institute of Nutritional Sciences.

Chen Pei'ai. 1997. *A History of Chinese and Foreign Commercial Advertisements* (Zhongwai guanggao shi). Beijing: Wujia Press.

Chen Qiuping. 1996. "Health Food Cries for Quality Control." *Beijing Review* 39, no. 25 (June 17):6.

Chen Shujun, ed. 1988. *Chinese Poems and Essays on Fine Food* (Zhongguo meishi shiwen). Guangzhou: Guangdong Higher Education Press.

Chen, Xingyin, Yuerong Sun, and Kenneth Rubin. 1992. "Social Reputation and Peer Relationships in Chinese and Canadian Children: A Cross-cultural Study." *Child Development* 63:1336–43.

Chen Ya. 1996. "Breastfeeding Promotion in China." *Women of China* 9:15 –16.

Chin, Ann-ping. 1988. *Children of China: Voices from Recent Years*. New York: Knoft.

China Daily. 1998. "Future Cola Takes on Giants." July 27, Business Weekly, 8.

China Health and Nutrition. 1997a. "The Problem of Calcium Deficiency Needs Societal Attention." 3:52–53.

——. 1997b. "Calcium Deficiency Is a Worldwide Problem." 4:52–53.

Chinese Academy of Agricultural Sciences. 1994. *Strategies for China's Intermediate and Long-term Development of Food Products* (Zhongguo zhong chang qi shiwu fazhan zhanlue). Beijing: Chinese Academy of Agricultural Sciences Publishing House.

Chinese Nutrition Society Standing Committee. 1990. "Dietary Guidelines for China" (Woguo shanshi zhinan). *Acta Nutrimenta Sinica* (Yingyang xuebao) 12: 10–12.

——. 1997. "Dietary Guidelines for the Chinese People — Balanced Diet, Rational Nutrition, Better Health" (Zhongguo jumin shanshi zhinan — pingheng shanshi, heli yingyang, cujin jiankang). Pamphlet.

Chu, N. F., E. B. Rimm, D. J. Wang, H. S. Liou, and S. M. Shieh. 1998. "Clustering of Cardiovascular Disease Risk Factors among Obese Schoolchildren: The Taipei Children Heart Survey." *American Journal of Clinical Nutrition* 67:1141–46.

"Colonel Sanders' Legacy." 1987. Public Relations Announcement. Kentucky Fried Chicken Corporation. Nov. 12.

Croll, Elizabeth. 1983. *The Family Rice Bowl: Food and Domestic Economy in China*. London: Zed Press.

——. 1986. *Food Supply in China and the Nutritional Status of Children*. Geneva: United Nations Research Institute for Social Development.

Croll, Elizabeth, Delia Davin, and Penny Kane. 1987. *China's One Child Family Policy*. New York and London: Macmillan.

Crowell, Todd, and David Hsieh. 1995. "Little Emperors: Is China's One-Child Policy Creating a Society of Brats?" *Asiaweek* 21, no. 48 (Dec. 1):44–50.

Cui Lili. 1994. "Student Nutrition: A Matter of Concern." *Beijing*

Review 37, no. 26 (June 27–July 3):30.

——. 1995. “Third National Nutrition Survey.” *Beijing Review* 38, no. 5:31.

Dai Qing and Xue Weijia, eds. 1996. *Whose Yangtze Is It Anyway?* (Shuide changjiang). Hong Kong: Oxford University Press.

Davis, Deborah. 1991. *Long Lives: Chinese Elderly and the Communist Revolution*. 2nd edition. Stanford: Stanford University Press.

Davis, Fred. 1979. *Yearning for Yesterday: A Sociology of Nostalgia*. New York: Free Press.

Demos, John, and V. Demos. 1969. “Adolescence in Historical Perspective.” *Journal of Marriage and the Family* 31:632–38.

Dettwyler, Katherine. 1989. “Styles of Infant Feeding: Parent/Caretaker Control of Food Consumption in Young Children.” *American Anthropologist* 91:696–702.

Diamond, Norma. 1969. *K’un Shen: A Taiwan Village*. New York: Holt, Rinehart and Winston.

Ding Xufang, Shou Jieqing, and Wang Guoliang. 1994. “An Inquiry and Analysis of Mental Health among Only Children in Privileged Communities” (Gao cenci shequ dusheng ziniu xinli weisheng de diaocha yu fenxi). *The Sea of Scholarship* (Xuehai) 64, no. 2:50–53.

Douglas, Mary. 1975. *Implicit Meanings*. Boston: Routledge and Kegan Paul.

Douglas, Mary, and Baron Isherwood. 1979. *The World of Goods: Towards an Anthropology of Consumption*. New York: W. W. Norton.

Draper, A. 1994. “Energy Density of Weaning Foods.” In A. F. Walker and B. A. Rolls, eds., *Infant Nutrition*, 209–23. London: Chapman and Hall.

Duggan, Patrice. 1990. “Feeding China’s Little Emperors.” *Forbes* (Aug. 6): 84–85.

Durkheim, Emile. 1951. *Suicide: A Study in Sociology*. New York: Free Press.

Ebrey, Patricia, ed. 1981. *Chinese Civilization and Society: A Sourcebook*. New York: Free Press.

Eckholm, Erik. 1998a. "Relocations for China Dam Are Found to Lag." *New York Times*, March 12, A8.

——. 1998b. "Homes for Elderly Replacing Family Care as China Grays." *New York Times*, May 20, A1, A12.

Escobar, Arturo. 1995. *Encountering Development: The Making and Unmaking of the Third World*. Princeton: Princeton University Press.

Eurofood. 1996. "Potential for Growth in Chinese Baby Food Sector." May 22, p. 3.

Evans, Mark. 1993. "Finger Lickin' Chinese Chicken." *South China Morning Post*, July 26, B3.

Falbo, Tony, et al. 1989. "Physical Achievement and Personality Characteristics of Chinese Children." *Journal of Biosocial Science* 21: 483–95.

Falbo, Toni, Dudley L. Poston, Jr., and Xiao-tian Feng. 1996. "The Academic, Personality, and Physical Outcomes of Chinese Only Children: A Review." In Sing Lau, ed., *Growing Up the Chinese Way*, 265–86. Hong Kong: Chinese University Press.

Fan Cunren, Wan Chuanwen, Lin Guobin, and Jin Qicheng. 1994. "Personality and Moral Character: A Comparative Study of Only Children and Children with Siblings in Primary Schools of Xian" (Xian xiaoxue sheng zhong dusheng zinu yu feidusheng ziniu gexing pinzhi de bijiao yanjiu). *The Science of Psychology* (Xinli kexue) 17:7–74.

Featherstone, Mike. 1990. "Global Culture: An Introduction." In *Global Culture: Nationalism, Globalization, and Modernity*, 1–14. London: Sage.

Feeny, Griffith. 1989. "Recent Fertility Dynamics in China." *Population and Development Review* 15, no. 2:297–322.

Fei, Xiaotong (Fei, Hsiao-t'ung). 1939. *Peasant Life in China: A Field Study of Country Life in the Yangtze Valley*. London: Rout-

ledge and Kegan Paul.
Ferguson, James. 1990. *The Anti-Politics Machine*. New York: Cambridge University Press.
Forbes. 1986. "Playing the China Cards: U.S. Products Advertised on Chinese Television." April 7, p. 107.
——. 1993. "Ads for the Sets of China." April 26, p. 12.
Foucault, Michel. 1980. *Power/Knowledge: Selected Interviews and Other Writings, 1972–1977*. New York: Pantheon Books.
——. 1994. *The Birth of the Clinic: An Archeology of Medical Perception*. New York: Random House.
Frank, Andre G. 1969. "The Development of Underdevelopment." In Andre G. Frank, ed., *Latin America: Underdevelopment or Revolution*, 3–17. New York: Monthly Review Press.
Freire, Paulo. 1996. *Pedagogy of the Oppressed*. London: Penguin.
Friedman, Jonathan. 1989. "The Consumption of Modernity." *Culture and History* 4:117–30.
Gamble, Sidney. 1954. *Ting Hsien: A North China Rural Community*. Stanford: Stanford University Press.
Gamble, Sidney, and John Burgess. 1921. *Peking: A Social Survey*. Beijing: Social Research Institute.
Gao Wei. 1997. "Global Show in Beijing to Highlight Food Industry." *China Daily* web-page news, July 25.
Gao Yuan. 1987. *Born Red: A Chronicle of the Cultural Revolution*. Stanford: Stanford University Press.
Gates, Hill. 1993. "Cultural Support for Birth Limitation among Urban Capital-owning Women." In Deborah Davis and Stevan Harrell, eds., *Chinese Families in the Post-Mao Era*, 251–76. Berkeley: University of California Press.
Ge Keyou, ed. 1996. *The Dietary and Nutritional Status of Chinese Population (1992 National Nutrition Survey)*. Beijing: People's Medical Publishing House.
Ge Keyou, Ma Guansheng, Zhai Fengying, Yan Huaicheng, and Wang Qing. 1996. "Dietary Nutrient Intakes of Chinese Stu-

dents" (Woguo zhongxiao xuesheng de shanshi yingyang zhuangkuang). *Acta Nutrimenta Sinica* (Yingyang xuebao) 18, no. 2:129–33.

Gillette, Maris. 1997. "Engaging Modernity: Consumption Practices Among Urban Muslims in Northwest China." Ph.D. dissertation, Harvard University.

——. 1999. "What's in a Dress? Brides in the Xi'an Hui Quarter." In Deborah Davis, ed., *The Consumer Revolution in Urban China*. Berkeley: University of California Press.

——. 2000. *Between Mecca and Beijing: Modernization and Consumption Among Urban Chinese Muslims*. Stanford: Stanford University Press.

——. N.d. "Recalling 19th-Century Violence: Social Memory Among Urban Chinese Muslims." Unpublished manuscript.

Gladney, Dru. 1990. "The Ethnogenesis of the Uighur." *Central Asian Survey* 9, no. 1:1–28.

——. 1991. *Muslim Chinese: Ethnic Nationalism in the People's Republic*. Cambridge, Mass.: Council on East Asian Studies, Harvard University.

——. 1998. "Clashed Civilizations? Muslim and Chinese Identities in the PRC." In Dru Gladney, ed., *Making Majorities: Constituting the Nation in Japan, Korea, China, Malaysia, Fiji, Turkey and the United States*, 106–31. Stanford: Stanford University Press.

Good, Byron J. 1994. *Medicine, Rationality and Experience: An Anthropological Perspective*. Cambridge: Cambridge University Press.

Goody, Jack. 1982. *Cooking, Cuisine, and Class: A Study in Comparative Sociology*. Cambridge: Cambridge University Press.

Gordon, Debra, and Margaret Lock. 1988. *Biomedicine Examined*. Dordrecht: Kluwer Academic Publishers.

Gottschang, Suzanne K. 1991. "Insufficient Milk: Woman, Nature and Culture." Master's thesis, Anthropology Department, Uni-

versity of California, Los Angeles.
——. 1998. "The Becoming Mother: Urban Chinese Women's Transitions to Motherhood." Ph.D. dissertation, University of Pittsburgh.
Greenhalgh, Susan. 1990. "The Evolution of the One-Child Policy in Shaanxi." *China Quarterly* 122 (June):191–229.
——. 1993. "The Peasantization of the One-Child Policy in Shaanxi." In Deborah Davis and Steven Harrell, eds., *Chinese Families in the Post-Mao Era*, 219–50. Berkeley: University of California Press.
Guldan, G. S., H. C. Fan, and Z. Z. Ni. 1998. "Can 'Scientific Infant Feeding' Close the Rural-Urban Infant Growth-faltering Gap in Sichuan, China?" *Australian Journal of Nutrition and Dietetics* 55, no. 1 (supplement):36–37.
Guldan, G. S., M. Y. Zhang, G. Zeng, J. R. Hong, and Y. Yang. 1995. "Breastfeeding Practices in Chengdu, Sichuan, China." *Journal of Human Lactation* 11, no. 1:11–15.
Guldan, G. S., M. Y. Zhang, Y. P. Zhang, J. R. Hong, H. X. Zhang, S. Y. Fu, and N. S. Fu. 1993. "Weaning Practices and Growth in Rural Sichuan Infants: a Positive Deviance Study." *The Journal of Tropical Pediatrics* 39, no. 3:168–75.
Guldan, G. S., Y. P. Zhang, Z. Q. Li, Y. H. Hou, F. Long, L. Y. Pu, and J. S. Huang. 1991. "Designing Appropriate Nutrition Education for the Chinese: The Urban and Rural Nutrition Situation in Sichuan." *The Journal of Tropical Pediatrics* 37:159–66.
Guo Ziheng, ed. 1991. *Superior Childbearing, Superior Childrearing, and Eight Million Peasants* (Yousheng youyu yu bayi nongmin). Beijing: China Population Press.
Gupta, Akhil. 1992. "Song of the Nonaligned World: Transnational Identities and the Reinscription of Space in Late Capitalism." *Cultural Anthropology* 7, no. 1:63–79.
Gussler, Judith, and Linda Briesemeister. 1980. "The Insufficient Milk Syndrome: A Biocultural Explanation." *Medical Anthropol-*

ogy 4:145–74.
Hang Zhi. 1991. "What Is Revealed by the Emergence of a Popular Culture" (Dazhong wenhua de liuxing toulu le shenmo). In Hang Zhi's *A Single Reed* (Yi wei ji). Beijing: Sanlian Press.
Hannerz, Ulf. 1992. *Cultural Complexity: Studies in the Social Organization of Meaning*. New York: Columbia University Press.
——. 1996. *Transnational Connections: Culture, People, Places*. London: Routledge.
Hanson, Eric O. 1980. *Catholic Politics in China and Korea*. Maryknoll: Orbis Books.
Harrell, Stevan. 1988. "Joint Ethnographic Fieldwork in Southern Sichuan." *China Exchange News* 16:3.
——. 1990. "Ethnicity, Local Interests, and the State: Yi Communities in Southwest China." *Comparative Studies in Society and History* 32, no. 3:515–48.
Harrell, Stevan, ed. 1995. *Cultural Encounters on China's Ethnic Frontiers*. Seattle: University of Washington Press.
Harvey, David. 1989. *The Condition of Postmodernity: An Inquiry into the Origins of Cultural Change*. Cambridge, Mass.: Blackwell.
Haviland, William A. 1994. *Anthropology*. New York: Harcourt Brace College Publishers.
He Qinglian. 1988. *Population: China's Sword of Damocles* (Renkou zhongguo de xuanjian). Chengdu: Sichuan People's Publishing House.
Hendry, Joy. 1993. *Wrapping Culture*. Oxford: Clarendon Press.
Hobson, Katherine. 1997. "McDonald's Wins 'McLibel' Case: But the Judge Upholds Allegations of Low Wages, Targeting Children in Ads and Cruelty to Animals." *Honolulu Star-Bulletin*, June 19, B1.
Hong Kong Standard. 1984. "Beijing Duck Making Way For Hamburgers and Fries." April 19, 19.
Hsiao, W. C. L., and Y. L. Liu. 1996. "Economic Reform and

Health: Lessons from China." *New England Journal of Medicine* 335, no. 6:430–32.

Hsiung Ping-chen. 1995. "To Nurse the Young: Breastfeeding and Infant Feeding in Late Imperial China." *Journal of Family History* 20, no. 3:217–38.

——. 1996. "Treatment of Children in Traditional China." *Berliner China-Hefte* 10:73–79.

Hu Chunxue. 1993. *An Essential Reading in Childbearing and Childrearing* (*Sheng er yu nu bidu*). Beijing: People's Liberation Army Doctors Press.

Hua Xiaoyu. 1990. "Beijing's Kentucky Fever." *China's Foreign Trade* (Nov.):34–35.

Huang Fei. 1997. "Coca Cola Floods Seven Armies of Chinese Goods" (Kekou kele shuiyan guohuo qijun). *China Management Newspaper* (Zhongguo jingying bao), July 22, p. 1.

Huang Ping. 1995. "The Influence of Consumerism among Urban Residents in Contemporary China" (Xiaofei zhuyi zai dangdai Zhongguo chengshi jumin zhong de yingxiang). In *Papers of the 1994 Academic Conference on Chinese Culture and Market Economy* (Jiusi Zhongguo shichang jingji yu wenhua xueshu yantaohui lunwen ji). Beijing: Chinese Economy Press.

Huang Shau-yen. 1994. "Traditional Therapeutic Diets in China" (Zhongguo chuantong shiliao). In *Papers of the Fourth Academic Conference on Chinese Dietary Culture* (Disanjie Zhongguo yinshi wenhua xueshu yantaohui lunwen ji). Taipei: Foundation of Chinese Dietary Culture.

Huang Shu-min. 1989. *The Spiral Road: Change in a Chinese Village through the Eyes of a Communist Party Leader*. Boulder: Westview Press.

Huang, Shu-min, Kimberley C. Falk, and Su-min Chen. 1996. "Nutritional Well-Being of Preschool Children in a North China Village." *Modern China* 22, no. 4:355–81.

Hull, Valerie J., Shyam Thapa, and Gulardi Wiknjosastro. 1989.

"Breast-Feeding and Health Professionals: A Study in Hospitals in Indonesia." *Social Science and Medicine* 20, no.4:355–64.

Huntington, Samuel P. 1973. "Transnational Organizations in World Politics." *World Politics* 25:333–68.

——. 1993. "The Clash of Civilizations?" *Foreign Affairs* 72, no. 3:22–50.

Ikels, Charlotte. 1993. "Settling Accounts: The Intergenerational Contract in an Age of Reform." In Deborah Davis and Stevan Harrell, eds., *Chinese Families in the Post-Mao Era,* 307–33. Berkeley: University of California Press.

——. 1996. *The Return of the God of Wealth: The Transition to a Market Economy in Urban China*. Stanford: Stanford University Press.

Information Office of the State Council. 1996. "The Situation of Children in China." *Beijing Review* 39, no. 17 (April 22–28):20–30.

Jamison, D. T. 1986. "Child Malnutrition and School Performance in China." *Journal of Development Economics* 20:299–309.

Jelliffe, Derrick, and E. F. Patrice Jelliffe. 1981. *Human Milk in the Modern World*. Oxford: Oxford University Press.

Jin Binggao. 1984. "Discussion of the Production and Effect of the Marxist Definition of Nationality" (Shilun makesizhuyi minzu dingyi de chansheng jiqi yingxiang). *Central Minorities Institute Newsletter* (Zhongyang minzu xueyuan xuebao) 3:64–67.

Jing, Jun. 1996. *The Temple of Memories: History, Power, and Morality in a Chinese Village*. Stanford: Stanford University Press.

——. 1997. "Rural Resettlement: Past Lessons for the Three Gorges Project." *China Journal* 38:65–92.

Johnston, Francis. 1987. *Nutritional Anthropology*. New York: Alan R. Bliss, Inc.

Jowett, John. 1989. "Mao's Man-Made Famine." *Geographical Magazine* (April):16–19.

Judd, Ellen. 1994. *Gender and Power in Rural North China*. Stanford: Stanford University Press.

Kan Xuegui. 1996. "Food Hygiene Law Linked to International Standards." *Beijing Review* 39, no. 13:20.

Kane, Penny. 1988. *Famine in China, 1959–61: Demographic and Social Implications*. New York: St. Martin's Press.

Kaufman, Joan. 1983. *A Billion and Counting: Family Planning Campaigns and Policies in the People's Republic of China*. San Francisco: San Francisco Press.

Ke Fangfang. 1993. "An Investigation of Breastfeeding Practices in Rural Areas" (Nongcun muru weiyang zhuangkuang diaocha)." *Health Care of Chinese Women and Children* (Zhongguo fuyou baojian) 3, no. 2:54–58.

Kennedy, Eileen, and Jeanne Goldberg. 1995. "What Are American Children Eating? Implications for Public Policy." *Nutrition Reviews* 53, no. 5 (May): 111–26.

Kessen, William, ed. 1975. *Childhood in China*. New Haven: Yale University Press.

Kett, Joseph F. 1977. *Rites of Passage: Adolescence in America, 1790 to the Present*. New York: Basic Books.

Kleinman, Arthur. 1980. *Patients and Healers in the Context of Culture*. Berkeley: University of California Press.

Kong Wenqing, Zhu Qing, and Zhong Jiangguang. 1996. "Three Little Girls Die Tragically in Wahaha Poisoning Incident" (Wahaha zhongdu shijian san younu buxin shenwang). *Beijing Youth Newspaper* (Beijing qingnian bao), June 5, p. 1.

Kopytoff, Igor. 1988. "The Cultural Biography of Things: Commoditization as Process." In Arjun Appadurai, ed., *The Social Life of Things*, 64–94. Cambridge: Cambridge University Press.

Kristof, Nicholas D. 1993. "China's Crackdown on Births: A Stunning, and Harsh, Success." *New York Times*, April 25, A1 and A12.

Laderman, Carol. 1983. *Wives and Midwives: Childbearing and Nutrition in Rural Malaysia*. Berkeley: University of California

Press.
Lam, Y. L. 1993. "Family Backgrounds and Experience, Personality Development and School Performance: A Causal Analysis of Grade One Chinese Children." *Education* 113, no. 1:133–44.
Lambek, Michael. 1995. "Choking on the Qur'an: and Other Consuming Parables from the Western Indian Ocean." In Wendy James, ed., *The Pursuit of Certainty*, 258–81. London: Routledge.
Lawrence, Susan. 1994. "Chinese Chicken: Dancing for Fast-Food Dollars." *U.S. News and World Report*, July 18, p. 46.
Lawson, J. S., and V. Lin. 1994. "Health Status Differentials in the People's Republic of China." *American Journal of Public Health* 84, no. 5:737–41.
Lee, Martyn J. 1993. *Consumer Culture Reborn: The Cultural Politics of Consumption*. New York: Routledge.
Lee, W. T. K., S. F. Leung, and D. M. Y. Leung. 1994. "The Current Dietary Practice of Hong Kong Adolescents." *Asia Pacific Journal of Clinical Nutrition* 3:83–87.
Leicester, John. 1997. "Gallup Poll in China: Coke, Men's Hairdos and TVs." Associated Press, Oct. 26.
Leung, S. S. F. 1994. *Growth Standards for Hong Kong: A Territory-Wide Survey in 1993*. Hong Kong: Chinese University of Hong Kong.
Leung, S. S. F., J. T. F. Lau, L. Y. Tse, and S. J. Oppenheimer. 1996. "Weight-for-Age and Weight-for-Height References for Hong Kong Children from Birth to 18 Years." *Journal of Paediatrics and Child Health* 32:103–9.
Leung, S. S. F., M. Y. Ng, B. Y. Tan, C. W. K. Lam, S. F. Wang, Y. C. Xu, and W. P. Tsang. 1994. "Serum Cholesterol and Dietary Fat of Two Populations of Southern Chinese." *Asia Pacific Journal of Clinical Nutrition* 3:127–30.
Levenstein, Harvey. 1993. *Paradox of Plenty: A Social History of Eating in Modern America*. Oxford: Oxford University Press.
Li Bin. 1995. "Law Protects Mothers and Infants." *Beijing Review*

38, no. 10:13–16.

Li, Chengrui. 1987. *The Population Atlas of China*. Oxford: Oxford University Press.

Li Jinghan. 1933. *Dingxian: A Social Survey* (Dingxian shehui gaikuang diaocha). Beiping: China Mass Education Society.

Liang Hui. 1992. "Ronghua Chicken: Don't Come Back If You Are Unsatisfied" (Ronghuaji: bu manyi ni xiaci bie lai). *China Industrial and Commercial News* (Zhonghua gongshang shibao), Nov. 11, p. 1.

Liang Ying, ed. 1996. *Can China Feed Herself?* (Zhongguo neng yang huo ziji ma?). Beijing: Economic Science Publishing House.

Liberation Daily (Jiefang ribao). 1990. "Ronghua Chicken and Kentucky Fried Chicken" (Ronghuaji yu kendiji), Aug. 16, p. 1.

Lin Naisang. 1989. *China's Culture of Food* (Zhongguo yinshi wenhua). Shanghai: Shanghai People's Publishing House.

Lin, Yao-Hua. 1947. *The Golden Wing: A Sociological Study of Chinese Familism*. London: Routledge and Kegan Paul.

Lipman, Jonathan. 1987. "Hui-Hui: An Ethnohistory of the Chinese-Speaking Muslims." *Journal of South Asian and Middle Eastern Studies* 11, nos. 1 and 2 (combined):112–30.

——. 1997. *Familiar Strangers: A History of Muslims in Northwest China*. Seattle: University of Washington Press.

Liu Liming. 1993. "Sources of Information for Compiling Material on Breastfeeding and Health Education" (Tan muru weiyang jiankang jiaoyu cailiao de xinxi xingcheng). *Health Care of Chinese Women and Children* (Zhongguo fuyou baojian) 8, no. 1:35–36.

Liu Yongcong. 1997. *Childcare in Traditional China* (Zhongguo gudai de yu er). Beijing: Commercial Press.

Liu Yun. 1996. "Will Chinese or Foreign Soft Drinks Dominate This Summer" (Guoyin yangyin jinxia shui tianxia). *International Food* (Guoji shipin) 4: 6–8.

Liu Zhuoye. 1990. "Heinz-UFE Discovers the Chinese Market." *Beijing Review* 33, no. 46 (Nov. 12–18):36–38.

Liy Yi-chu. 1994. "On the Rise and Nutritional Value of the Chinese Theory about the Common Origination of Food and Medicine" (Lun Zhongguo shiyi tongyuan de chansheng jiqi yingyang jiazhi). In *Papers of the Fourth Academic Conference on Chinese Dietary Culture* (Disanjie Zhongguo yinshi wenhua xueshu yantaohui lunwen ji). Taipei: Foundation of Chinese Dietary Culture.

Lowe, H. Y. (Wu Hsing-yuan). 1984. *The Adventures of Wu: The Life Cycle of a Peking Man*. Princeton: Princeton University Press.

Lu Huiling, Hua Gencai, Li Xianfeng, and Huang Yan. 1993. "Epidemiological Study of Primary Obesity Among Children Aged 7–12 in Putuo District, Shanghai" (Shanghaishi putuoqu 7–12 sui ertong danchunxing feipangzhen liuxingbingxue diaocha). *Chinese School Doctor* (Zhongguo xiaoyi) 7:86–88.

Lu, Henry. 1994. *Chinese Herbal Cures*. New York: Sterling.

——. 1986. *Chinese Systems of Food Cures*. New York: Sterling.

Lu Xun. 1969. "Dawn Blossoms Gathered at Dusk." In *Three Decades of Lu Xun's Works* (Lun Xun sanshinian ji), vol. 16:6. Hong Kong: Xinyi.

Lui, S. S. H., V. Ho, W. T. K. Lee, E. Wong, W. Tang, L. Y. Tse, and J. Lau. 1997. "Factors Affecting the Low Breastfeeding Rates in Hong Kong." Presented at the 16th International Congress of Nutrition, July 27–Aug. 1, 1997, Montreal, Canada.

Lull, James. 1991. *China Turned On: Television, Reform, and Resistance*. London: Routledge.

Luo Zhufeng, ed. 1991. *Religion Under Socialism in China*. Armonk, N.Y.: M. E. Sharpe.

Lupher, Mark. 1995. "Revolutionary Little Devils: The Social Psychology of the Rebel Youth, 1966–1967." In Anne Behnke Kinney, ed., *Chinese Views of Childhood*, 321–44. Honolulu: University of Hawaii Press.

Ma Changshou. 1993. *Records of the Historical Investigation into the Shaanxi Hui Uprising of the Tongzhi Period* (Tongzhi nianjian Shaanxi Huimin qiyi lishi diaocha jilu). Xi'an: Shaanxi People's Publishing House.

Ma Liqing and Wang Xiaofeng. 1993. "Analysis of a Survey of Obese Primary and Secondary Students in Shijiazhuang" (Shijiazhuangshi zhongxiao xuesheng feipang diaocha fenxi). *Chinese School Health* (Zhongguo xuexiao weisheng) 14, no. 3:150.

Ma Tianfang. 1971. *Why Do Muslims Not Eat Pork?* (Huimin wei shenme buchi zhurou?). Booklet printed in Taiwan.

MacInnis, Donald. 1989. *Religion in China Today: Policy and Practice*. Maryknoll, N.Y.: Orbis Books.

Martin, Emily. 1989. *The Woman in the Body: A Cultural Analysis of Reproduction*. Boston: Beacon Press.

Mathewson, Ruth. 1996. "Heavy Going for Children." *South China Morning Post International Weekly*, April 27.

McCracken, Grant. 1988. *Culture and Consumption: New Approaches to the Symbolic Character of Consumer Goods and Activities*. Bloomington: Indiana University Press.

McElroy, Ann, and Patricia K. Townsend. 1989. *Medical Anthropology in Ecological Perspective*. Boulder: Westview.

McKhann, Charles. 1995. "The Naxi and the Nationalities Question." In Stevan Harrell, ed., *Cultural Encounters on China's Ethnic Frontiers*, 39–62. Seattle: University of Washington Press.

McNeal, James U. 1992. *Kids as Customers: A Handbook of Marketing to Children*. New York: Lexington Books.

McNeal, James U., and Chyon-Hwa Yeh. 1997. "Development of Consumer Behavior Patterns Among Chinese Children." *Journal of Consumer Marketing* 14, no. 1:45–59.

McNeal, James U., and Shushan Wu. 1995. "Consumer Choices Are Child's Play in China." *Asian Wall Street Journal Weekly*, Oct. 23, p. 14.

Meng Tianpei and Sidney Gamble. 1926. "Prices, Wages and Standards of Living in Peking, 1900–24." *Chinese Social and Political Science Review* (July)(special supplement).

Meng Yuecheng. 1996. "The Expansion of Scientific Research Investment and the Development of Chinese Children's Food Industry" (Jiada keyan touru fazhan minzu ertong shipin gongye). Hangzhou: Wahaha Scientific Research Center, March 25.

Mennell, Stephen, Anne Murcott, and Anneke H. van Otterloo. 1992. *The Sociology of Food: Eating, Diet and Culture*. London: Sage.

Meredith, William. 1991. "The Schools for Parents in Guangdong Province, People's Republic of China." *The Journal of Contemporary Family Studies* 22, no. 3:379–85.

Miller, Daniel. 1987. *Material Culture and Mass Consumption*. Oxford: Blackwell.

——. 1993. *Unwrapping Christmas*. New York: Oxford University Press.

Miller, Daniel, ed. 1995. *Acknowledging Consumption: A Review of New Studies*. New York: Routledge.

Milwertz, Cecilia N. 1997. *Accepting Population Control: Urban Chinese Women and the One-Child Family Policy*. Surrey: Curzon Press.

Mintz, Sidney. 1986. *Sweetness and Power: The Place of Sugar in Modern History*. New York: Penguin Books.

——. 1993. "The Changing Roles of Food in the Study of Consumption." In John Brewer and Roy Porter, eds., *Consumption and the World of Goods*, 261–73. London: Routledge.

——. 1996. *Tasting Food, Tasting Freedom*. Boston: Beacon Press.

——. 1997. "Afterword: Swallowing Modernity." In James L. Watson, ed., *Golden Arches East: McDonald's in East Asia*, 183–200. Stanford: Stanford University Press.

Moore, Sally Falk. 1987. "Explaining the Present: Theoretical

Dilemmas in Processual Ethnography." *American Ethnologist* 14, no. 4:727–36.

——. 1994. "The Ethnography of the Present and the Analysis of Process." In Robert Borofsky, ed., *Assessing Cultural Anthropology*, 362–74. New York: McGraw-Hill.

Morley, David, and Kevin Robins. 1995. *Spaces of Identity: Global Media, Electronic Landscapes, and Cultural Boundaries*. London: Routledge.

Mussen, Paul Henry, John Janeway Conger, and Jerome Kagan. 1974. *Child Development and Personality*, 4th edition. New York: Harper and Row.

New China News Agency (Xinhua). 1997. "Noodle Giant Expands Market." *China Daily*, web-page news, Jan. 22.

Newsweek. 1994. "Where the Admen Are." March 14, p. 39.

Niu Wenxin. 1992. "Focal Points of Beijing: Cock Fight" (Jingcheng re shi: Douji). *China Industrial and Commercial News* (Zhonghua gongshang shibao), Oct. 21, p. 1.

Nye, Joseph S., and Robert O. Keohane. 1972. *Transnational Relations and World Politics*. Cambridge, Mass.: Harvard University Press.

O'Neil, Molly. 1998. "Feeding the Next Generation: Food Industry Caters to Teen-Age Eating Habits." *New York Times*, March 14, 1998, B1.

Ohnuki-Tierney, Emiko. 1993. *Rice as Self: Japanese Identities Through Time*. Princeton: Princeton University Press.

Parish, William L., and Martin King Whyte. 1978. *Village and Family in Contemporary China*. Chicago: University of Chicago Press.

Pasternak, Burton. 1986. *Marriage and Fertility in Tianjin, China: Fifty Years of Transition*. Honolulu: East-West Center.

Piazza, Alan. 1986. *Food and Nutritional Status in the PRC*. Boulder: Westview.

Pillsbury, Barbara. 1975. "Pig and Policy: Maintenance of Boundaries Between Han and Muslim Chinese." In B. Eugene Griessman, ed., *Minorities: A Text with Readings in Intergroup Relations,* 136–45. Hinsdale: Dryden Press.

——. 1982. "Doing the Month": Confinement and Convalescence of Chinese Women after Childbirth." *Social Science and Medicine* 12, no. 1B:11–22.

Pliner, P. 1982. "The Effects of Mere Exposure on Liking for Edible Substances." *Appetite* 3:283–90.

Popkin, Barry M., et al. 1993. "The Nutrition Transition in China: A Cross-Sectional Analysis." *European Journal of Clinical Nutrition* 47:333–46.

Popkin, Barry M., M. E. Yamamoto, and C. C. Griffin. 1986. "Breast-feeding in the Philippines: The Role of the Health Sector." *Journal of Bio-Social Science* supplement 9:98–107.

Potter, Jack M. 1974. "Cantonese Shamanism." In Authur P. Wolf, ed., *Religion and Ritual in Chinese Society*. Stanford: Stanford University Press.

Potter, Sulamith Heins, and Jack M. Potter. 1990. *China's Peasants: The Anthropology of a Revolution*. Cambridge: Cambridge University Press.

Powdermaker, Hortense. 1932. "Feasts in Ireland: The Social Functions of Eating." *American Anthropologist* 34:236–47.

Qian Peijin and Li Jieming. 1991. "Cock Fight in Shanghai" (Douji Shanghai tan). *People's Daily* (Renmin ribao), Sept. 22, p. 1.

Qiu Qi. 1994. "Quick Meals at Home Speed Food Sellers' Growth." *Beijing Weekly,* July 24, p. 8.

Raymond, Linda. 1966. "China Facing the Future: KFC Focuses on 'Little Suns.' " *The Courier-Journal* (Louisville, Ky.) January 21, 1996, Business p. 1E.

Ritzer, G. 1993. *The McDonaldization of Society*. Boston: Pine Forge Books.

Rozin, Paul, April E. Fallon, and Marcia Levin Pelchat. 1986. "Psychological Factors Influencing Food Choice." In Christopher

Ritson, Leslie Gofton, and John McKenzie, eds., *The Food Consumer*, 107–126. New York: John Wiley and Sons.
Ruf, Gregory. 1994. "Pillars of the State: Laboring Families, Authority, and Community in Rural Sichuan, 1937–1991." Ph.D. dissertation, Columbia University.
Sassen, Saskia. 1996. *Losing Control? Sovereignty in an Age of Globalism*. New York: Columbia University Press.
Shanghai Educational Television. 1994. *Breastfeeding* (Muru weiyang). Videorecording (45 minutes).
Shen, T. F., and J. P. Habicht. 1991. "Nutrition Surveillance: Source of Information for Action." In *Proceedings of International Symposium on Food Nutrition and Social Economic Development*, 377–87. Beijing: Chinese Science Publisher.
Shen, T. F., J. P. Habicht, and Y. Chang. 1996. "Effect of Economic Reforms on Child Growth in Urban and Rural Areas of China." *New England Journal of Medicine* 335, no. 6:400–406.
Shen Zhiyuan and Le Bingcheng. 1991. "Investigating the Worship of Ge Xian Weng Bodhisattva at Lingfeng Mountain" (Lingfeng shan gexian weng pusa xinyang diaocha). In *Chinese Folk Culture* (Zhongguo minjian wenhua), 3:172–83. Shanghai: Shanghai Folklore Association.
Shi, L. Y. 1993. "Health Care in China: A Rural-Urban Comparison after the Socioeconomic Reforms." *Bulletin of the World Health Organization* 71, no. 6:723–26.
Shirk, Susan L. 1982. *Competitive Comrades: Career Incentives and Student Strategies in China*. Berkeley: University of California Press.
Sidel, Ruth. 1972. *Women and Child Care in China*. New York: Hill and Wang.
Simoons, Frederick J. 1961. *Eat Not This Flesh: Food Avoidances in the Old World*. Westport, Conn.: Greenwood Press.
Siu, Helen. 1989. *Agents and Victims in South China: Accomplices in Rural Revolution*. New Haven: Yale University Press.

Smil, Vaclav. 1985. "Eating Better: Farming Reforms and Food in China." *Current History* 84:248–51.

——. 1995. "Who Will Feed China?" *The China Quarterly* 143 (Sept.):801–813.

South China Morning Post. 1989. "US Restaurant Chain Reopens in Tiananmen." June 22, B4.

Spence, Jonathan. 1992. *Chinese Roundabout: Essays in History and Culture*. New York: W. W. Norton.

Stafford, Charles. 1995. *The Roads of Chinese Childhood*. Cambridge: Cambridge University Press.

Starr, Paul. 1982. *The Social Transformation of American Medicine*. New York: Basic Books.

State Statistics Bureau. 1988. *State Statistical Abstract*. Beijing: China Statistics Press.

——. 1994. *Chinese Statistical Yearbook*. Beijing: China Statistics Press.

Stephens, Sharon, ed. 1995. *Children and the Politics of Culture*. Princeton: Princeton University Press.

Stipp, Horst H. 1988. "Children as Consumers." *American Demographics* 10, no. 2:27–32.

Strathern, Andrew. 1996. *Body Thoughts*. Ann Arbor: University of Michigan Press.

Strathern, Marilyn. 1992. *Reproducing the Future*. New York: Routledge.

——, ed. 1995. *Shifting Contexts: Transformations in Anthropological Knowledge*. New York: Routledge.

Su Songxing. 1994. "Only Children: From a New Situation to Developing a Field of Research" (Dusheng ziniu cong xin guoqing xiang xin kexue de fazhan). *Research on Contemporary Youth* (Dangdai qingnian yanjiu) 1:10–15.

Su Yingxiong, Wu Kaiquan, Wang Zheng, Shi Xingguo, and Piao Yongda. 1991. "Investigation of the Nutritional Status of Primary and Secondary Students in Chengdu" (Chengdushi zhongxuesheng 1991 nian yingyang zhuangkuang diaocha). *Chinese School Health* (Zhongguo xuexiao weisheng) 14, no. 5:263–64.

Sun Hong. 1996. "Vitamin Company to Widen Investment." *China Daily*, web-page news, Nov. 18.

Sun Xun. 1991. "Influence of Obesity on Blood Pressure in Youth" (Ertong shaoniande feipang dui xueya yinxiangde diaocha). *Chinese School Doctor* (Zhongguo xiaoyi) 5, no. 4:62–63.

Taeuber, Irene. 1964. "China's Population: Riddle of the Past, Enigma of the Future." In Albert Feuerwerker, ed., *Modern China*, 16–26. Englewood Cliffs, N.J.: Prentice-Hall.

Tao Menghe. 1928. *Livelihood in Peking: An Analysis of the Budgets of Sixty Families* (Beiping shenghuofei zhi fenxi). Beiping: Social Research Institute.

Taren, D., and J. A. Chen. 1993. "Positive Association Between Extended Breastfeeding and Nutritional Status in Rural Hubei Province, People's Republic of China." *American Journal of Clinical Nutrition* 58:862–67.

Tempest, Rone. 1996. "China Faces New Urban Food Worry: Surplus, Not Shortage." *Los Angeles Times*, May 5, A4.

Thomas, Jane. 1994. "Persistence and Change: Dietary Patterns, Food Ideology and Health." Speech delivered at the Fairbank Center for East Asian Research, Harvard University, Aug. 11.

Thomas, Martha, ed. 1997. "China's Baby-Friendly Hospitals Mean More Breastfeeding." *BFHI News* (Feb.):2.

Tobin, Joseph J., David H. Y. Wu, and Dana H. Davidson. 1989. *Preschool in Three Cultures: Japan, China, and the United States*. New Haven: Yale University Press.

Tuistra, Fons. 1996. "Cola Kings Work Up a Thirst on Grand Battleground." Gemini New Service, Sept. 10.

Turner, Mia. 1996. "Too Stuffed to Jump: Indulgent Parents and Big Macs Are Swelling the Ranks, and Waistlines, of China's Chubby Children." *Time International Magazine* 148(Sept.

16):13.

Ulijaszek, S. J. 1994. "Between-population Variation in Preadolescent Growth." *European Journal of Clinical Nutrition* 48, supplement 1:5–14.

UNICEF Beijing. 1992. "Post-flood Nutrition and Intervention Initiative Report."

United Nations. 1995. *Baby-Friendly Hospital Initiative Newsletter* 5:1.

Vallier, Ivan. 1973. "The Roman Catholic Church: A Transnational Actor." In Joseph Nye and Robert Keohane, eds., *Transnational Relations and World Politics*, 129–52. Cambridge, Mass.: Harvard University Press.

Van Esterik, Penny. 1989. *Beyond the Breast-Bottle Controversy*. New Brunswick, N.J.: Rutgers University Press.

Vincent, Joan. 1990. *Anthropology and Politics: Visions, Traditions, and Trends*. Tempe: University of Arizona Press.

Wahaha Group. 1995. "Using Capital Management Concepts" (Yunyong ziben jingying sixian). Aug.

Wall Street Journal. 1995. "Marketing: China's (Only) Children Get the Royal Treatment." Feb. 8, B1.

——. 1996. "Nestle's China Ice Cream Pact." Aug. 14, A12.

Wallerstein, Immanuel. 1974. "The Rise and Future Demise of the World Capitalist System: Concepts for Comparative Analysis." *Comparative Studies in Society and History* 16:387–415.

Wan, Chuanwen. 1996. "Comparison of Personality Traits of Only and Sibling School Children in Beijing." *Journal of Genetic Psychology* 155:377–88.

Wang Fenglan, Shi Zongnan, and Tong Fang. 1991. "Discussion and Suggestions Concerning the Promotion of Our Country's Breastfeeding Problem" (Guanyu cujin woguo muru weiyang wenti de taolun he jianyi). *Chinese Women and Children's Health* (Zhongguo fuyou bao jian) 6, vol. 2:6–8.

Wang Jiangang. 1989. "Multiple Social Effects of Television Commercials" (Dianshi guanggao de duochong shehui xiaoyi). In *Research in Television News Broadcasting* (Xinwen dianshi guangbo yanjiu) 5:23–34; 6:40–52.

Wang Lin, ed. 1993. *A Manual of Dietary and Hygienic Knowledge* (Yinshi weisheng zhishi shouce). Beijing: China Light Industry Publishing House.

Wang Mingde and Wang Zihui. 1988. *Food in Ancient China* (Zhongguo gudai yinshi). Xian: Shaanxi People's Publishing House.

Wang Renxiang. 1994. *Food and Chinese Culture* (Yinshi yu Zhongguo wenhua). Beijing: Beijing People's Publishing House.

Wang Shaoguang. 1995. "The Politics of Private Time: Changing Leisure Patterns in Urban China." In *Urban Spaces in Contemporary China: The Potential for Autonomy and Community in Post-Mao China*, 149–72. Washington, D.C.: Woodrow Wilson Center Press.

Wang Shoukui and Yuan Xiaoling. 1997. "The Passing of Standards for Health Food Set for May 1." *China Health and Nutrition* (Zhongguo baojian yingyang) (July):6.

Wang Xiangrong. 1993. "The Outline of Chinese Food Structural Reform and Development for the 1990's." *China Food Newspaper*, June 16, p. 1.

Watson, James L. 1975. *Emigration and the Chinese Lineage: The Mans in Hong Kong and London*. Berkeley: University of California Press.

——. 1987. "From the Common Pot: Feasting with Equals in Chinese Society." *Anthropos* 82:389–401.

——. 1997. "McDonald's in Hong Kong: Consumerism, Dietary Change, and the Rise of a Children's Culture." In James L. Watson, ed., *Golden Arches East: McDonald's in East Asia*, 77–109. Stanford: Stanford University Press.

Watson, James L., ed. 1997. *Golden Arches East: McDonald's in East Asia*. Stanford: Stanford University Press.

Watson, Rubie S. 1985. *Inequality Among Brothers: Class and Kinship in South China*. Cambridge: Cambridge University Press.

——. 1986. "The Named and the Nameless: Gender and Person in Chinese Society." *American Ethnologist* 13:619–31.

Weber, Max. 1968. *Economy and Society*. New York: Bedminster.

Wei Lilin and Wang Shangcheng. 1994. "An Initial Commentary on the Development of the Chinese Fast-Food Industry" (Fazhan zhongshi kuaicanye chuyi). *Beijing Evening News* (Beijing wanbao), March 22, p. 1.

Wen Chihua. 1995. *The Red Mirror: Children of the Cultural Revolution*. Boulder: Westview.

Wen Jinhai. 1992. "From Kentucky Fried Chicken to McDonald's: An Examination of the Fast-Food Fad" (Cong kendeji dao maidanglao: Kuaican re xianxiang toushi). *Xingyang Daily* (Xingyang ribao), Sept. 19, p. 1.

White, Merry. 1994. *The Material Child: Coming of Age in Japan and America*. Berkeley: University of California Press.

Whyte, Martin, and William Parish. 1984. *Urban Life in Contemporary China*. Chicago: University of Chicago Press.

Wolf, Eric R. 1982. *Europe and the People Without History*. Berkeley: University of California Press.

Wolf, Margery. 1972. *Women and the Family in Rural Taiwan*. Stanford: Stanford University Press.

——. 1985. *Revolution Postponed: Women in Contemporary China*. Stanford: Stanford University Press.

World Health Organization, 1998. *Complementary Feeding of Young Children in Developing Countries: A Review of Current Scientific Knowledge*. Geneva: World Health Organization.

Wu Guanghua, ed. 1993. *Chinese-English Dictionary*, vols. 1 and 2. Shanghai: Shanghai Transportation University Press.

Wu, David Y. H. 1994. "Drowning Your Child with Love: Family Education in Six Chinese Communities." (The 8th Barbara Ward Memorial Lecture.) *The Hong Kong Anthropologist* 2:2–12.

——. 1996. "Parental Control: Psychocultural Interpretations of Chinese Patterns of Socialization." In Sing Lau, ed., *Growing Up the Chinese Way*, 1–28. Hong Kong: Chinese University Press.

Wu Kangmin, Dong Renwei, Xu Weiguang, Xun Yucheng, and Liu Qing. 1995. "An Investigation of the Current Situation of Breastfeeding and Factors of Nutrition in Urban Chengdu" (Chengdu shiqu muru weiyang xianzhuang jiqi yingxiang yinsu diaocha). *Journal of West China University of Medical Sciences* 10, no. 2:174–76.

Wu Ruixian, Yang Fan, and Cai Li. 1990. *Healthy Recipes for Children* (Ertong yaoshan). Beijing: Foreign Languages Press.

Xie Jili. 1992. "New Views on Breastfeeding" (Youguan muru weiyang de xin guandian). *Journal of Nurse Training* (Hushi jinxiu zazhi) 7, no. 1:10–11.

Xinhua. 1997. "A Survey Shows That Hong Kong Children Eat Too Much Junk Food." Feb. 19.

Xue Suzhen. 1995. "Social Trends and the Principal Special Characteristics in Chinese Child Socialization" (Shehui bianqian yu zhongguo ertong shehuihua zhuyao tezheng). In David Y. H. Wu, ed., *Chinese Child Socialization* (Huaren ertong shehuihua), 4–9. Shanghai: Shanghai Science and Technology Publishing House.

Xun Zhongyong, Lu Xiuping, Li Qinghua, Zhou Mei, Wang Yongqin, and Yan Bufan. 1995. "An Investigation of Urban and Rural Breastfeeding Habits" (Chengxiang muru weiyang ji muru xiguan diaocha). *Journal of Weifang Medical College* (Weifang yixueyuan xuebao) 17, no. 3:207–8.

Yan, Yunxiang. 1992. "The Impact of Rural Reform on Economic and Social Stratification in a Chinese Village." *Australian Journal of Chinese Affairs* 27:1–24.

——. 1994. "Dislocation, Reposition, and Restratification: Structural Changes in Chinese Society." In Maurice Brosseau and Lo Chi Kin, eds., *China Review*, 15. Hong Kong: Chinese University Press.

——. 1995. "The Rise of Fast Food and Its Impact on Local Dietary Culture in Beijing" (Beijing kuaican re jiqi dui chuantong wenhua de yingxiang). In *Papers of the Fourth Academic Conference on Chinese Dietary Culture* (Disijie Zhongguo yinshi wenhua xueshu yantaohui lunwen ji). Taipei: Foundation of Chinese Dietary Culture.

——. 1996. *The Flow of Gifts: Reciprocity and Social Networks in a Chinese Village*. Stanford: Stanford University Press.

——. 1997a. "The Triumph of Conjugality: Structural Transformation of Family Relations in a Chinese Village." *Ethnology* 36:191–212.

——. 1997b. "McDonald's in Beijing: The Localization of Americana." In James L. Watson, ed., *Golden Arches East: McDonald's in East Asia*, 39–76. Stanford: Stanford University Press.

Yang, Bin, Thomas Ollendick, Qi Dong, Yong Xia, and Lei Lin. 1995. "Only Children and Children with Siblings in the People's Republic of China: Levels of Fear, Anxiety, and Depression." *Child Development* 66:1301–11.

Yang, Dali. 1996. *Calamity and Reform in China: State, Rural Society and Institutional Change Since the Great Leap Forward*. Stanford: Stanford University Press.

Yang, Mayfair Mei-hui. 1994. *Gifts, Favors, Banquets: The Art of Social Relationships in China*. Ithaca, N.Y.: Cornell University Press.

Yang, P. Y., S. K. Zhan, J. L. Ling, and C. X. Qiu. 1989. "Breastfeeding of Infants Between 0–6 Months Old in 20 Provinces, Municipalities and Autonomous Regions in the People's Republic of China." *The Journal of Tropical Pediatrics* 35:277–80.

Yang Ximeng and Tao Menghe. 1930. *A Study of the Standard of Living of the Working Families in Shanghai* (Shanghai gongren shenghuo chengdu de yige yanjiu). Beiping: Social Research Institute.

Yang Yashan. 1987. *A History of Chinese Sociology* (Zhongguo shehuixue shi). Jinan: Shandong People's Publishing House.

Ye Guangjun and Feng Ningping. 1996. "The Status and Preventive Strategy of Childhood Obesity in China." Paper presented at the 10th International Symposium on Maternal and Infant Nutrition, Beijing, Nov. 11–12.

——. 1997. "Obesity, a Serious Problem on the Children's Health." *Proceedings of the Tenth International Symposium on Maternal and Infant Nutrition*. Guangzhou: Heinz Institute of Nutritional Sciences.

Yen Lee-Lan, Pan Wen-Han, Chen Chung-Hung, and Lee Yen-Ming. 1994. "The Prevalence of Obesity in the Seventh Graders in Taipei City, 1991: A Comparison of Various Body Screening Indices." *China Health Care Journal* (Zhonghua weizhi) 13, no. 1:11–19.

Yuan Xiaohong. 1997. "Baby-Friendly Action in China: Protection, Promotion, and Support of Breastfeeding." Paper presented at the 1997 Asian Conference of Pediatricians, Hong Kong, June 15–17.

Zha, Jianying. 1995. *China Pop: How Soap Opera, Tabloids, and Bestsellers Are Transforming a Culture*. New York: New Press.

Zhang Xia. 1993. "Too Many Devour Only Fast-food Culture." *China Daily*, April 22, p. 3.

Zhang Zhihua. 1993. "A Discussion of the Positive and Negative Factors in the Education of Only Children" (Guanyu dusheng ziniu ertong jiaoyu de youli he buli yinsu de tantao). *Research on Youth and Adolescence* (Qing shaonian yanjiu) 1 and 2 (combined issue):79–81.

Zhao, Bin. 1996. "The Little Emperor's Small Screen: Parental Control and Children's Television Viewing Time." *Media, Culture, and Society* 18:639–58.

Zhao Feng. 1994. *Do You Love Chinese or Foreign Consumer Goods* (Guohuo yanghuo ni ai shui). Tianjin: Tianjin People's Press.

Zhu Baoxia. 1994. "Breastfeed Babies, Says Conference." *China Daily*, July 30, p. 3.

Zong Qinghou. 1996. "Revitalizing the Greatness of Chinese Nutritional and Health Foods" (Chongzhen Zhongguo ying-yang baojian pin xiongfeng). Speech at the Conference on the Development of China's Children's Foods, Beijing, March 28.

图书在版编目（CIP）数据

喂养中国小皇帝：儿童、食品与社会变迁 /（美）景军主编；钱霖亮译 .—上海：华东师范大学出版社，2016

ISBN 978-7-5675-5993-6

Ⅰ.①喂… Ⅱ.①景… ②钱… Ⅲ.①儿童食品—研究—中国 Ⅳ.① TS216

中国版本图书馆 CIP 数据核字（2016）第 303902 号

喂养中国小皇帝：儿童、食品与社会变迁

主　　编　景　军
译　　者　钱霖亮　李　胜等
责任编辑　顾晓清
封面设计　周伟伟

出版发行　华东师范大学出版社
社　　址　上海市中山北路 3663 号　邮编　200062
网　　址　www.ecnupress.com.cn
邮购电话　021－62869887
网　　店　http://hdsdcbs.tmall.com/

印 刷 者　上海昌鑫龙印务有限公司
开　　本　890×1240　32 开
印　　张　8.75
字　　数　165 千字
版　　次　2017 年 1 月第 1 版
印　　次　2021 年 5 月第 3 次
书　　号　ISBN 978-7-5675-5993-6 / C.244
定　　价　42.00 元

出 版 人　王　焰

（如发现本版图书有印订质量问题，请寄回本社市场部调换或电话 021-62865537 联系）